G. BREDEMANN

DIE GROSSE BRENNESSEL URTICA DIOICA L.

Forschungen über ihren Anbau zur Fasergewinnung

DIE GROSSE BRENNESSEL
URTICA DIOICA L.

Forschungen über ihren Anbau zur Fasergewinnung

von

Dr. GUSTAV BREDEMANN
em. ord. Professor an der Universität Hamburg
und ehem. Direktor des Hamburgischen Staatsinstituts
für Angewandte Botanik

Mit einem Anhang über ihre Nutzung für Arznei- und Futtermittel sowie technische Zwecke

von

Dr. KURT GARBER
Wissenschaftlicher Rat am Hamburgischen Staatsinstitut
für Angewandte Botanik

Mit 53 Text- und Tafelabbildungen,
1 Faserprobe und 16 Tabellen

AKADEMIE-VERLAG · BERLIN
1959

Erschienen im Akademie-Verlag GmbH, Berlin W 8, Mohrenstraße 39

Lizenz-Nr. 202 · 100/702/59
Gesamtherstellung: Druckhaus „Maxim Gorki", Altenburg
Bestell- und Verlagsnummer: 5324
Printed in Germany
ES 22 D

VORWORT

Man verstehe mich nicht falsch. Dieses Buch ist keinenfalls geschrieben, um die Propaganda für einen Anbau der Großen Brennessel Urtica dioica L. zur Fasergewinnung wieder aufleben zu lassen, aber auch nicht, um vor einem solchen Anbau zu warnen. Es soll vielmehr unparteiisch ohne Spekulation zusammengefaßt werden, was in den letzten rund 40 Jahren an Grundlagen für einen Anbau dieser Pflanze zur Fasergewinnung erarbeitet worden ist und wie sich unsere Kenntnisse über die Große Brennessel in dieser Zeit erweitert haben. Nach diesen kann man sich bei gedachter Zweckmäßigkeit oder gegebener Notwendigkeit ein Bild machen, ob ihr Anbau in Frage kommt, was für und was gegen ihn spricht, ob bei uns oder anderswo Möglichkeiten vorhanden sind, die nunmehr in eine Kulturpflanze, die „Fasernessel", gewandelte Wildnessel erfolgreich anzubauen und welche Vorbedingungen dafür gegeben sein müßten.

Darüber hinaus aber war es reizvoll, diese Wandlung, die den Verfasser selbst einige Jahrzehnte beschäftigt hat, in ihren stufenweisen Abschnitten darzustellen und zu zeigen, wie gleichzeitig auf den verschiedensten Gebieten gearbeitet werden mußte, um solch rasche Erfolge zu erzielen. Daß verschiedene dafür erarbeitete Verfahren, im Verlauf der Arbeiten auch bei einer weiteren Bastfaserpflanze, dem Hanf, angewandt, uns gleiche Erfolge brachten, sei nur am Rande erwähnt.

Allen, die mir im Laufe der Jahre bei diesen Arbeiten geholfen haben, sei gedankt, insbesondere meinen langjährigen Mitarbeitern im Hamburgischen Staatsinstitut für Angewandte Botanik, zumal Herrn Dr. KURT GARBER, der auch den Anhang dieses Buches „Nutzung der Nesselpflanze für Arznei-, Futter- und technische Zwecke" geschrieben hat. Gedankt sei auch meiner lieben Frau Anna Maria, die mir bei Bearbeitung des Stichwortverzeichnisses und beim Korrekturlesen wiederum getreulich Hilfe geleistet hat. Gleicherweise gehört mein Dank dem Verlage für die großzügige Gestaltung des Buches.

Hamburg, November 1958 G. BREDEMANN

INHALTSVERZEICHNIS

EINLEITUNG

Die Große Brennessel *Urtica dioica L.*, weit verbreitet durch Europa, Nordafrika, dem gemäßigten Asien sowie durch das ganze gemäßigte und subtropische Amerika, ist eine anthropochore Pflanze, die sich, ähnlich wie wilder Lein, Hanf, Mohn, an jede menschliche Behausung drängt, „gleichsam als ob sie sich selbst zur Kultur anbieten wolle“ [162, 226][1]). Sie ist schon in neolithischen Pfahlbauten der Schweiz, also um 3000 v. Chr. festgestellt [161], auch zusammen mit Resten der aus der alten Eisenzeit um 700 v. Chr. stammenden Schiffe von Kvalsund in Norwegen [99], sowie im Brunnenschlamm des Römerkastells Zugmantel im Taunus [161]. Es ist sehr wohl möglich, sogar wahrscheinlich, allerdings niemals mit Sicherheit nachgewiesen, daß die Menschen der damaligen Zeiten die in der Nähe ihrer Wohnstätten sich ansiedelnden oft ausgedehnten Nesselbestände nutzbar gemacht haben, die Blätter als Gemüse, die Rinde zur Herstellung grober Stricke oder auch groben Garnes für entsprechende Gewebe, Segel und dgl., oder auch für grobe Nähfäden, kaum dagegen zur Herstellung von Spinnfasern. Denn die Herstellung dieser setzt wegen der lockeren Anordnung der Fasern in der Rinde der Nesselstengel und deren Faserarmut schon einen ziemlich hohen Grad technischen Könnens voraus. Außerdem waren der zur Verfügung stehende wilde Lein und wilde Hanf bedeutend bessere und bequemere Spinnfaserlieferanten. In der Tat sind in den Geweben bis zur Zeitenwende Nesselfasern in Europa niemals mit Sicherheit nachgewiesen worden [215]. Aus späteren Zeiten finden sich dann in alten Chroniken in zunehmendem Maße Hinweise auf Nutzung der *Urtica dioica* (und auch der *U. cannabina*) als Gespinstpflanze. Der russische Mönch NESTORIUS z. B. berichtet um 900 n. Chr. von prächtigen Gewändern und besonders haltbaren Schiffstauen und Segeln aus Nesseltuch, ALBERTUS MAGNUS (1193 bis 1280) führt in seinem Buch „Von der Pflanze“ die Nessel ausführlich als Gespinstpflanze an, sagt aber von dem aus Nesseln bereiteten Zeug, daß es Hautjucken verursache [116] — das werden die mit primitiven Methoden nur schwer aus den Fasern zu entfernenden Holzscheben verursacht haben —, und eine ganze Reihe älterer und neuerer Autoren gibt schöne Beiträge zur Nutzung und

[1]) Die im Text in Klammern [] beigefügten Zahlen sind die Nummern, unter denen die betreffenden Publikationen mit näheren Einzelheiten und meist auch älteren Literaturhinweisen im Schrifttumsverzeichnis S. 122 zu finden sind.

Geschichte der Nessel und ihrer Fasern[1]). Allerdings fällt es dem aufmerksamen Leser manchmal schwer zu entscheiden, was echtes Forschungs- und Erfahrungsergebnis oder nur Propaganda ist.

Die Mangelhaftigkeit unserer Kenntnisse über die Geschichte der Nesselfaser rührt sicherlich mit daher, daß diese Faser nie ernste Bedeutung hatte und nirgends dauernd Wurzel schlagen konnte [235]. Eine wirkliche Textilindustrie auf Basis Wildpflanze ist eben nicht möglich [220]. Ebenso wie man in der ganzen älteren technologischen Literatur nichts Brauchbares über die Geschichte der Nesselfaser findet, ist auch in der ganzen älteren landwirtschaftlichen Literatur kaum von Nesselkultur die Rede, und was vorgebracht wird, strotzt von Irrtümern. Wenn ein Anbau der Nessel irgendwo oder irgendwann mit Erfolg betrieben worden wäre, hätte die Geschichte des Pflanzenbaues davon bestimmt Notiz genommen [235].

Immerhin gaben die sich häufenden Nachrichten aus vergangenen Zeiten doch wohl die Anregung, den Versuch zu machen, unsere wildwachsenden Nesseln zu größerer Nutzleistung für den Menschen heranzuziehen. Das um so mehr, als die schönen, festen Fasern aus den Stengeln verwandter ostasiatischer Nesseln, *Boehmeria nivea Hook. et Arn.* und *B. utilis Bl.*, in Ostasien seit langem angebaut und auf Fasern (Ramie) und zu schönen Geweben verarbeitet, nach der Londoner Weltausstellung 1851 endgültig Eingang in die europäische Textilindustrie fanden. Hinzu kam die Baumwollnot der Jahre 1862—1865. Damals begann die erste wirksame und vom Staat unterstützte Belebung des Interesses an der Nessel [223] und führte zu kleinen Anbauversuchen durch H. Grothe in Rummelsburg bei Berlin und weiter 1876/77 zur Gründung der sog. Nesselcommission *„um die Nesselcultur, sowie auch die Benützung der wilden Nesseln in unserem Vaterland anzuregen und zu fördern, um ferner die nöthigen Bedingungen dafür genau zu erforschen"*. Der Kommission gehörte eine stattliche Anzahl anerkannter Wissenschaftler und Praktiker an, die nützliche Arbeit leisteten. Als

[1])

1772:	Schäffer, Jac.	[193]
1777:	Suckow, G.	[217]
1794:	Böhmer, G.	[17]
1797:	v. Bär	[9a]
1806:	Krünitz, Joh.	[119]
1877:	Bouché, C. u. Grothe, H.	[19]
1878:	Mueller, Vo.	[157]
1880:	Hartmann	[78]
	Herzog, A.	[85]
1884:	Bouché, C. u. Grothe, H.	[19]
1916:	Hanausek, T.	[76]
	Kronfeld, E.	[116]
	Richter, O.	[175/83]
	v. Rössler-Ladé	[118]
	Schürhoff, H.	[205]
	v. Tubeuf, C.	[223]
1917:	Hahn, Ed.	[74]
	Lukas, K.	[138]
1918:	Diels, L.	[48]
1919:	Zillig, H.	[240]
1920:	Sellergreen, G.	[193]
1921:	Pšenica, N.	[169a]
	v. Wiesner, J.	[235]
1928:	Matthews-Anderau	[147]
	Vavilov, N.	[226]
1931:	Netolitzky, Fr.	[161]
1934:	Chevalier, Aug.	[219]
	Medvedev, P.	[149]
	Prochorow, W. u. Schuschkini, A.	[158]
	Rolofs, R.	[187]
1934/35	Necrassowa, W.	[158/59]
1938:	v. Stokar, W.	[215]
	Tobler, Fr.	[220]
1943:	Netolitzky, Fr.	[162]

erstes Ergebnis dieser erschien 1877 eine eingehende Broschüre von C. BOUCHÉ und H. GROTHE, 1884 von H. GROTHE in zweiter Auflage herausgegeben [19], die bezeichnenderweise den Titel trug: „Ramie, Rheea, Chinagras und Nesselfaser“. Sie erregte großes Interesse, und es folgte ihr ein Schwarm mehr oder weniger populärer Artikel mit Anregungen und auch mit Bemängelungen, die sich hauptsächlich gegen den feldmäßigen Anbau der Brennessel richteten, von landwirtschaftlichen und volkswirtschaftlichen Gesichtspunkten aus (gutes Ackerland muß Nahrungspflanzen vorbehalten bleiben) — [107, 229].

Das waren die höchst unvollkommenen und teilweise auch irrigen Grundlagen, auf denen man im ersten Weltkriege zur Milderung der Fasernot zuerst in Österreich, dann auch in Deutschland eine Nesselindustrie aufzubauen versuchte, durch Organisation der Sammlung von Wildbeständen — man schätzte die Menge der im damaligen Deutschland sammelbaren Nesselstengel auf 100000 dz [1]) [48] —, durch Einführung und Verbesserung großtechnischer Entfaserungsverfahren und durch einen großzügigen Anbau. Die Nessel-Anbau-Gesellschaft mbH., Berlin, bepflanzte auf schwierigem Gelände und unter schwierigen Umständen rd. 300 ha Niederungsmoor mit Nesseln. Aber die Verwendung faserarmer Wildnesseln, andere hatte man damals noch nicht, ungenügende Kenntnis von den Lebensbedingungen der Nessel und der Anbau- sowie auch Aufbereitungsmethoden, beginnende Inflation und Wiedereinsetzen der Baumwolleinfuhr zwangen bald nach Kriegsende zum Aufgeben der Pflanzungen. Es waren jedoch weitere wertvolle Erfahrungen gesammelt worden, vor allem, daß manches korrigiert werden müsse, was in der vorgenannten, sich nur auf kurze Versuchsdauer stützenden Broschüre optimistisch dargestellt war, und daß es weiterer langjähriger Versuchs- und Forschungsarbeit bedürfe, wenn man überhaupt an Erfolge denken wollte, daß ferner Voraussetzung für solche in erster Linie Erhöhung des Fasergehalts, Schaffung faserreicher Nesselsorten war, die wiederum langer Zeit bedürfe. Diese Arbeiten, gleich nach Beendigung des ersten Weltkrieges aufgenommen und bis 1950 fortgesetzt, z. T. mit Unterstützung einer Gruppe Textilindustrieller unter Führung des Fabrikbesitzers JOHANNES ELSTER in Adorf i. Vogtland, der „I. G. Ortica“, führten dazu, daß auch im zweiten Weltkriege die Nesseln wieder zur Minderung der Fasernot herangezogen wurden. Diesmal von der Luftwaffe und vom Heer, die auf wehrmachtseigenem Gelände rd. 500 ha, jeweils kleinere Flächen an vielen verschiedenen Stellen Deutschlands und Österreichs mit der inzwischen geschaffenen faserreichen „Zuchtfasernessel“ — die faserreicheren Sorten kamen nicht mehr zum Zuge — bepflanzten und ihre Stengelernten auf Faser verarbeiten ließen, deren Qualität bei geeignetem Aufschluß hervorragend war (vgl. das auf unserer Tafel 8 beigegebene Muster technischer Nesselfasern, wie sie nach neustem Verfahren gewonnen wurden). Über die Ergebnisse dieser 1918 bis 1950 durchgeführten Versuchs- und Forschungsarbeiten, die der Verfasser durchweg alle leitete, und über

[1]) 1918 wurden allein in Ostpreußen 12500 dz Nesselstengel aus Wildsammlung eingebracht [1] — vgl. auch S. 81.

die beim Großanbau gemachten Erfahrungen wird in den nachstehenden Kapiteln I bis V berichtet. Auf die ältere Literatur soll dabei nur erforderlichenfalls soweit zum Verständnis nötig näher eingegangen werden.

Die 53 Abbildungen in genannten Kapiteln sind größtenteils nach eigenen Aufnahmen gefertigt, einige (Abb. 1, 2, 4, 31, 37/39) anderen Werken entnommen.

Bekannter und sicherlich auch umfangreicher als gelegentliche Nutzung der Großen Brennessel als Faserpflanze war schon seit alter Zeit — das zeigen die diesbezüglichen vielen alten und neuen Schriften — ihre Nutzung für alle möglichen anderen Zwecke, in erster Linie als Arznei-, Gemüse- und Futterpflanze. Bei Aufnahme des Nesselanbaues zur Fasergewinnung interessierte daher naturgemäß auch die Frage, ob und wieweit man die vielseitigen Nutzungsmöglichkeiten vereinigen könne. Man dachte besonders an Nebennutzung der erstjährigen, zur Fasergewinnung noch nicht geeigneten Pflanzen und des Herbstnachwuchses älterer Bestände sowie des bei der Stengelernte entstehenden Blatt- usw. -Abfalls zu Futter, arzneilichen Zwecken, Chlorophyllgewinnung und dergleichen, auch des bei der Aufbereitung der Stengel zu Fasern abfallenden Holzes zu Papier. Wir haben diese Fragen, die nicht übersehen werden durften, ebenfalls in vielen Versuchen geprüft und im Kapitel VI behandelt, wobei gleichzeitig ihre Literatur etwas näher berücksichtigt werden mußte.

I. ANATOMIE DES NESSELSTENGELS

Entstehung der Fasern

Die Große Brennessel *Urtica dioica L.* weist bekanntlich dekussierte Blattstellung auf. Mit zunehmendem Alter des Stengels fallen die Laubblätter von unten nach oben hin ab, der ausgewachsene Stengel trägt nur noch am oberen Teil im Bezirk der Blütenstände Laubblätter [93]. An den Nodien der unteren und mittleren Stengelpartien erkennt man dann die miteinander alternierenden Narben des früheren zweigliedrigen Blattquirles (Abb. 1 b u. c, Bln). Diese Blattstellung bewirkt die vierkantige Form des Stengels. Auf dem Querschnitt durch die Mitte eines Stengelinternodiums sieht man, daß es in vier durch ± tiefe Rillen voneinander getrennte Sektoren geteilt ist (Abb. 1 a, S1 und S2). In diesen verlaufen die Leitbündel, die in den Nodien jeweils in die entsprechenden Blätter eintreten. Die dekussierte Blattstellung bringt es mit sich, daß die Sektoren

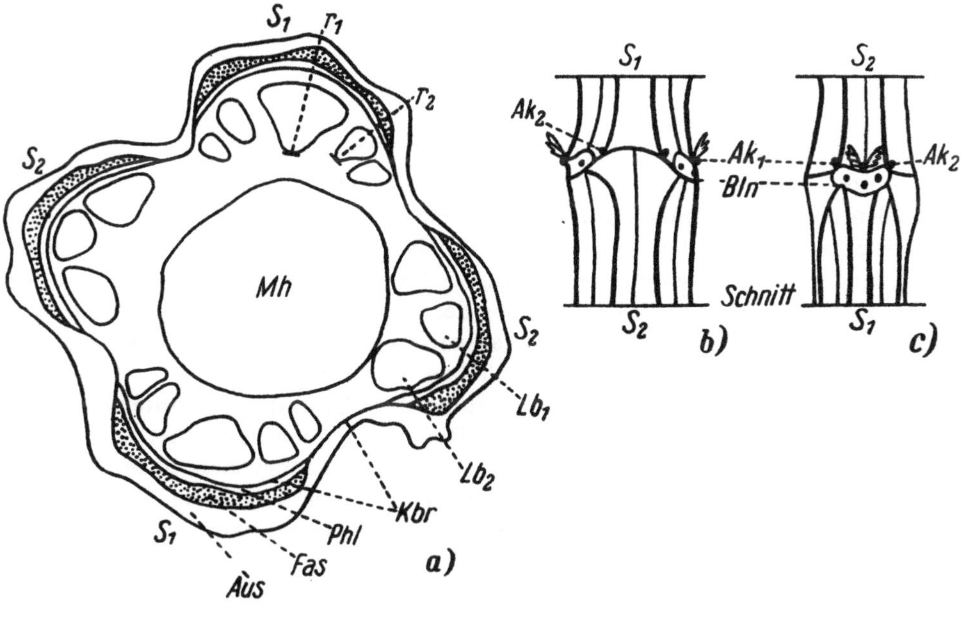

Abb. 1. a) Querschnitt durch die Mitte des Internodiums eines älteren Stengels von *Urtica dioica* L. (schematisch) b) u. c) Knotenregion des Stengels. Nach Z. Illies 1948 [93] Bln = Narben des früheren zweigliedrigen Blattquirles; Ak = Achselknospen; Aus = Außengewebe der Rinde; Fas = Faserschicht; Phl = Phloem; Kbr = Kambium; Lb = Xylemteil der Leitbündel; Mh = Markhöhle (s. auch S. 25)

ungleich ausgebildet sind. Nur die jeweils gegenüberliegenden haben gleiche Form. Die beiden, an deren darüberliegendem Nodium ein Blattpaar angeheftet ist oder war (Abb. 1, S1) sind stärker ausgebildet durch eine größere Anzahl der in ihnen verlaufenden Leitbündel, meist fünf, davon ein starkes mittleres, welches das Blatt versorgt, und zwei kleinere an jeder Seite für die Achselknospen. In den beiden schwächeren Sektoren, Abb. 1, S2, dagegen verlaufen nur drei Leitbündel — vgl. auch [70] —.

In der Rinde des Stengels liegt vor den Leitbündeln eine ± breite Faserschicht (Abb. 1, Fas). Sie läuft aber nicht geschlossen um den Stengel herum, sondern keilt zu den Rillen hin aus und fehlt in ihnen meist ganz. Abb. 2 zeigt das sehr schön; man erkennt auch, daß der Querschnitt einen der beiden stärkeren Sektoren mit seinen fünf Leitbündeln getroffen hat, entsprechend S1 der Abb. 1. Die Faserschicht ist über den Leitbündeln besonders stark, am schwächsten über den Nebenleitbündeln, wie aus Abb. 2 ebenfalls ersichtlich. Die Fasern liegen, wie bei allen Urticaceen, vorwiegend einzeln oder seltener auch zu mehreren aneinanderstoßend (Abb. 3) im Rindenparenchym dieser Schicht. Sie bilden keine Faserbündel wie bei Lein und Hanf und anderen Bastfaserpflanzen und sind auch nicht wie bei diesen miteinander verkittet. Bei faserarmen Nesseln liegen die Fasern ± vereinzelt in dem aus dünnwandigen Parenchymzellen und Siebröhren [153] bestehenden kleinzelligen Rindengewebe. Je größer der Fasergehalt der Sorte ist, um so breiter und vollgestopfter erscheint die Faserschicht, vgl. Abb. 3 und 9. Es liegen dann praktisch kaum noch Rindenzellen, oder arg kollabierte zwischen den Einzelfasern. Nach außen zu werden Faserschicht und Epidermis durch einen ganz faserfreien ± breiten Parenchym- bzw. Kollenchymstreifen voneinander getrennt. Und auch nach innen zu schließt an die Faserschicht ein ganz faserfreier Sieb- oder Phloemring bis zum Kambium an. An das Kambium grenzt der Holz- oder Xylemteil mit verschieden großen Gefäßen und der zentralgelegenen ± großen Markhöhle.

Wie entstehen nun die Fasern? Schon A. Gravis 1885 [70], dem wir eine sehr klare und genaue Beschreibung der Entwicklung von *Urtica dioica L.* von der Keimpflanze an und der Differenzierung der Gewebe aus dem Vegetationspunkt verdanken, hat festgestellt, daß die Fasern aus dem Vegetationspunkt gebildet werden. Man könne im ganz jugendlichen Stadium, im ersten und zweiten Internodium, schon drei Gewebearten außer dem Grundgewebe unterscheiden: Epidermales Gewebe, Fasern und Holz. Diese seien auch in der Art und Intensität der Zellteilung unterschiedlich. Über genannte embryonale Fasern teilt er noch mit, daß sie durch ihre großen Zellen mit stark verdickten Wänden ins Auge fallen, die durch das Dickenwachstum des Holzes zusammengepreßt, den Eindruck stark verbogener Ringe machen. Sonst geht er nicht weiter auf ihre Entwicklung ein, wohl weil sie in seinem damaligen Untersuchungsmaterial, sehr faserarmen Wildnesseln, nicht besonders interessierten.

Diese Untersuchungen hat nun Z. Illies 1948 [93] in unserem Institut an unserem Zuchtmaterial fortgesetzt. Sie fand in Übereinstimmung mit A. Gravis, daß die Fasern primär im Prokambium gebildet werden, und zwar je nachdem

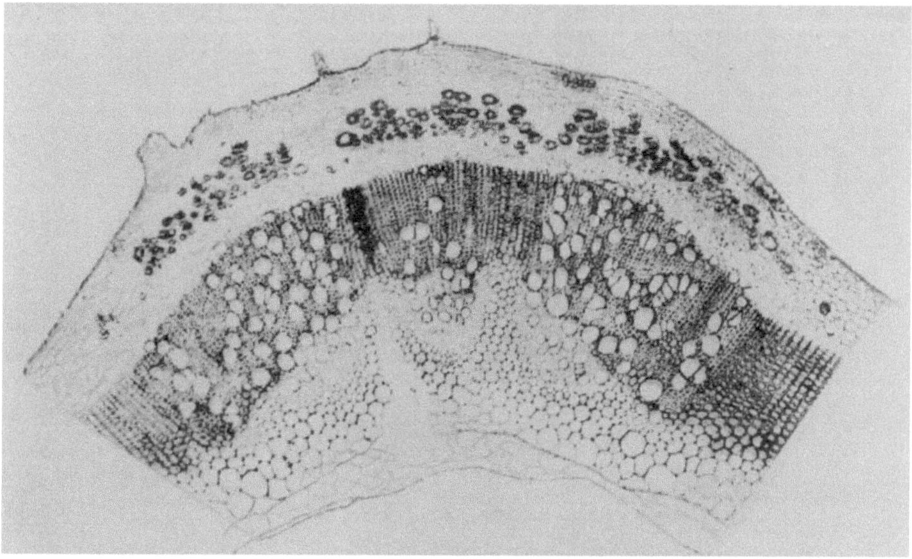

Abb. 2. Viertel-Querschnitt eines schnittreifen Brennesselstengels in Chlorzinkjod.
(„Bastfasern in geringer Menge vorhanden, in den Kanten des Stengels angehäuft")
S. 56: „Wie das Übersichtsbild lehrt, enthält der Stengel nur sehr wenig Bastfasern. Dieser Umstand, und nicht minder die umständliche Bereitung der Pflanze, lassen die geringe Rentabilität der Nesselkultur unter heutigen Verhältnissen vollkommen verständlich erscheinen."

Nach A. HERZOG 1908 [85], Tafel 18

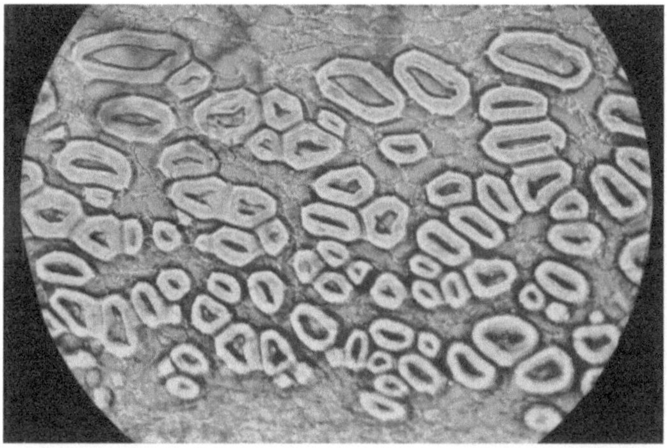

Abb. 3. Faserschicht einer faserreichen (13%igen) fast schnittreifen Zuchtfasernessel Querschnitt durch die Mitte des mittleren Internodiums, 155×. Die größten, ältesten Faserzellen liegen an der Außenseite der Schicht, die kleineren, weniger verdickten jüngeren der Innenseite zu. Einzelfasern (Elementarfasern), nur selten mehrere aneinanderstoßende im zusammengequetschten Rindenparenchym; s. Text.

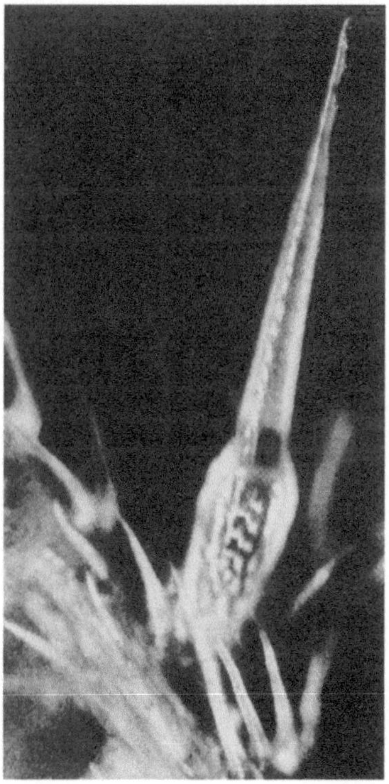

Abb. 4. Brennhaare (und Borstenhaare) der Großen Brennessel *Urtica dioica* L., stark vergrößert, aus Zeiß-Nachrichten, Jena, Heft 5, 1933

es sich um eine faserreiche oder -arme Sorte handelt, mehr oder weniger dicht im Rindengewebe verteilt. Einwandfrei sind sie in diesem zarten Stadium — etwa drei Millimeter unter dem Vegetationspunkt — nur im Längsschnitt erkennbar, durch ihre prosenchymatische, spindelige Form aus dem übrigen Zellverband hervortretend, stark miteinander verschränkt. Im ersten Jugendstadium erscheinen sie im Querschnitt als große leere Zellen, beim Auflegen der ersten Verdickungslamelle werden sie jedoch sehr inhaltsreich. Da sie vom Prokambium gebildet werden und prosenchymatisch in die Länge wachsen, werden die zuerst entstandenen an die Peripherie gedrängt, so daß die ältesten und dicksten immer nach außen zu liegen kommen. Das ist noch am Querschnitt der ausgewachsenen Stengel zu sehen (Abb. 3 und 9). Besonders bei Abb. 3 fällt auch das Durcheinander von Faserzellen mit großem und kleinem Durchmesser auf, erklärlich dadurch, daß sie mit ihrer ursprünglichen Spindelform durch gleitendes Wachstum ineinander verschoben sind, der Schnitt sie also z. T. nach einer der beiden Spitzen hin trifft. Bei den nach innen zu liegenden kleineren Faserzellen handelt es sich aber nicht, wie beim Hanf, um sekundäre Fasern. Alle Nesselfasern werden, wie beschrieben, primär gebildet, was übrigens J. MOELLER 1883 [153] bereits betonte.

Behaarung der Nessel

Urtica dioica besitzt drei Arten von Haaren: 1. Brennhaare, einzellig, mit verdickter umgebogener Spitze, etwa 2 mm lang (Abb. 4), 2. Borstenhaare, kürzer, besonders an den Stengeln und Blattstielen, abstehend oder nach unten gerichtet (Abb. 4)[1]), 3. Drüsenhaare, kurz mit 2—4teiligem Köpfchen, Abb. s. (70, Tafel XVII). Nur die Brennhaare rufen das bekannte heftige Brennen (nicht Jucken) hervor. Während man lange über das wirksame Prinzip in den Haaren im unklaren war, schien die Frage gelöst zu sein, als N. EMMELIN u. W. FELDBERG 1947 [57/59] in den Brennhaaren von *Urtica dioica* und *U. urens* drei physiologisch aktive Substanzen: Acetylcholin, Histamin und eine dritte muskelkontrahierende Verbindung noch ungeklärter Bedeutung nachwiesen und fanden, daß die Brennempfindung nur zustande kommt, wenn außer Acetylcholin gleichzeitig Histamin injiziert wird. Dieser Befund würde die Wirkung des Nesselstiches erklären und die Annahme eines enzymatischen Nesselgiftes, das Histamin in der Haut freimachen soll, überflüssig machen. Jedoch hat es nach den neuesten Untersuchungen von H. HAAS 1951 [73] den Anschein, daß für die Auslösung der Brennesselgiftwirkung neben Acetylcholin und Histamin noch Harzsäuren und Ameisensäure sowie Natriumformiat von Bedeutung sind (s. S. 98). Acetylcholin und Histamin wurden bei *Urtica dioica* und *U. urens* außer in den Brennhaaren auch in den Blättern, wo sie vielleicht gebildet werden, gefunden, ferner in der assimilierenden Stengelrinde, in Rhizomen und Wurzeln. Ein Brennhaar von *U. dioica* enthält 0,04 bis 0,07 γ Acetylcholin [57/59].

---

[1]) Gute Abbildungen s. auch bei A. HERZOG 1927 [86].

Die Behaarung und „Brennkraft“ ist bei verschiedenen Pflanzen der Brennnesseln recht unterschiedlich, teils durch Rassenunterschiede bedingt, teils durch Standortseinflüsse. In der Literatur wird z. B. die *var. pilosa Aschers. et Graebner* mit dichter grauer Behaarung — zwecks Herabsetzung der stomatären Transpiration bei starker Belichtung — [82, 122, 163, 240], besonders auf Mooren, erwähnt und im Gegensatz dazu die *var. mitissima Haussknecht* [82], ganz ohne Brennhaare und fast ohne Borstenhaare, sowie die *var. subinermis Uechtr.* [82, 113], fast ohne Brennhaare. Man darf diese aber nicht mit im Schatten gewachsenen oder im Herbst verkahlten Pflanzen verwechseln. Auf feuchten, humusreichen Böden sind die Pflanzen oft infolge verfrühten oder rascheren Abwerfens der Haare haarärmer. Bei den Urticaceen besitzen alle Haare große Neigung zum Abbruch und Abfall, alte Pflanzen erscheinen daher manchmal unbehaart [82, 103]. Übertragung des Brenngiftes durch ausgestreute Haare, wozu beim Arbeiten in unseren großen Nesselschlägen reichlich Gelegenheit gewesen wäre, haben wir aber nie beobachtet.

Außergewöhnliche Empfindlichkeit gehört zu den Ausnahmefällen. Durchweg haben wir und unsere zahlreichen Mitarbeiter beim Hantieren mit den Nesseln, sei es Stecklingsschneiden, Auspflanzen der Jungpflanzen, Aufraffen und Bündeln der geschnittenen Stengel und dergleichen, keinerlei Beschwerden gehabt, auch ohne Benutzung von Lederhandschuhen. Für schwielige Arbeitshände ist das nicht erstaunlich, aber auch zarte Hände und Arme „immunisieren“ sich anscheinend bald. Erinnert sei in diesem Zusammenhang daran, daß man früher die „Urtication“, Peitschen mit Nesselbündeln, therapeutisch gegen verschiedene Leiden anwandte mit starker Entwicklung eines Erythems und sehr zahlreicher Quaddeln, daß die Haut aber nach der dritten oder vierten Applikation aufhörte, auf erneutes Peitschen zu reagieren [222]. Vgl. auch S. 97 und 102.

II. ZÜCHTUNG DER NESSEL

Durch Auslese aus Wildnesseln

Auf die Notwendigkeit und voraussichtliche Möglichkeit, die Wildnessel züchterisch zu verbessern, wurde bereits in der älteren Literatur wiederholt hingewiesen. Aber praktisch auf breiter Basis in Angriff genommen wurden Züchtungsarbeiten, angeregt von der derzeitigen Landesstelle für Spinnpflanzen bzw. deren derzeitigen Geschäftsführer G. BREDEMANN, erst 1918 im Institut für Vererbungsforschung der Berliner Landwirtschaftlichen Hochschule, Direktor Prof. Dr. E. BAUR, in Potsdam. Es begann damit, daß dort etwa 170 verschiedene, aus verschiedenen Gegenden Deutschlands geholte Wildnesseln einzeln im Quadratverband von 1,5 m ausgepflanzt wurden, um sie vor ihrer Leistungsprüfung zunächst ein Jahr lang unter gleichen Boden-, Vegetations- und klimatischen Bedingungen zu halten. Bereits im ersten Jahre schieden 45 wegen offensichtlich unerwünschter Eigenschaften, mangelnde Wüchsigkeit, buschiger Wuchs und dergleichen, aus. Die Leistungsprüfung der übrigen 127 „Sorten" fand durch W. LAUBE 1920 [122] statt, und zwar auf Frostresistenz, Wassergenügsamkeit, voller Chlorophyllgehalt (Ausschalten der „chlorophyllkranken" *var. aurea*), Fehlen von Verzweigung, Schädlingsimmunität, Brennhaararmut und gute Wüchsigkeit. Schon hierbei stellten sich ganz erhebliche Unterschiede heraus, z. B. betrug das Verhältnis des Stengelertrages der besten zur schlechtesten Sorte 8:1. Das Stengelgewicht der ♀ war durchschnittlich um $^1/_4$ höher als das der ♂. Die am aussichtsreichsten erscheinenden Pflanzen wurden quantitativ nach unserer damals noch ziemlich langsam arbeitenden Methode (s. S. 21) auf Fasergehalt geprüft, wobei sich Schwankungen von 3,8 bis 7,7% Fasern ergaben. Durch diese Leistungsprüfung und die Untersuchung auf Fasergehalt wurden von den ursprünglich 170 Sorten nur 12 für würdig befunden, zur weiteren Züchtung zu dienen. Sie wurden nach einem inzwischen auf dem Nesselgut Friesack/Mark angelegten Zuchtgarten überführt, wo die Nessel-Anbau-Gesellschaft mbH., Berlin, bereits etwa 135 ha Nesselfelder auf Niederungsmoor besaß. Hier schieden wir noch einen weiteren Teil der Potsdamer Selektionen aus, während aus dem großen Feldbestand, teils aus Wurzel- und Rhizomabstichen, teils aus Samen von Wildnesseln herangezogen, eine Reihe weiterer hinzukam. Bei ihrer Auswahl legten wir außer auf Frostwiderstandsfähigkeit zunächst besonderen Wert auf gute Wüchsigkeit, starke Beblattung, lange unverzweigte, standfeste Stengel und natürlich möglichst hohen Fasergehalt. Ein großer „Sortenversuch" aus Abstichen dieser Selektionen gestattete sorgfältige Bonitierung. Dank dem Entgegenkommen des inzwischen verstorbenen Prof. O. RICHTER, Wien [175/83], konnten wir in die Sortenversuche auch seine „Tullner Edelnessel“ mit einstellen, die, ebenso wie seine „Egerer Nessel“ sich dadurch auszeichnen sollte, daß man aus den trockenen Stengeln ohne Vorbereitung das Holz ausknicken und Haut- und Rindenzellen von den Fasern abriffeln kann. Wir konnten an ihr jedoch keinerlei Vorzüge gegenüber sonstigen „guten“ Wildnesseln feststellen, auch nicht die angegebenen.

Unter den zahlreichen geprüften Sorten wurde keine gefunden, die allen genannten Ansprüchen gerecht wurde. Am meisten enttäuschte der Fasergehalt, gerade oft bei den Sorten, die sich durch gute Wüchsigkeit und besonders lange, unverzweigte, standfeste Stengel auszeichneten. Trotzdem wurden auch diese ihres guten Phaenotyps wegen mit selektioniert. Denn der allgemein sehr niedrige Fasergehalt, der meist um 4 bis 5%, oft aber auch nur 2 bis 3% betrug und nur in einigen seltenen Fällen bis 8% (in der Trockensubstanz), dann aber durchweg ohne die geforderten äußeren Eigenschaften, ließ bald vermuten, daß wir mit einfacher Auslese von in der Natur vorkommenden, für unsere Zwecke besonders geeigneten Varietäten kaum viel weiterkommen würden, oder höchstens vielleicht bei Untersuchung einer außerordentlich großen Anzahl von aus vielen Gegenden und Ländern zusammengetragenen Wildnesseln, die aber auch den sonstigen Anforderungen entsprechen mußten, ein Unternehmen, das große Schwierigkeiten voraussehen ließ. Wie richtig diese Annahme war, zeigten die in den folgenden Jahren an vielen hunderten von Wildnesseln zwischendurch mit ausgeführten quantitativen Faserbestimmungen, die immer nur Fasergehalte in den niedrigen obengenannten Grenzen zeigten, niemals aber höhere Werte.

Um so auffälliger ist, daß sich in der älteren Literatur neben einigen Hinweisen auf die Faserarmut [21, 81, 85, 86, 153, 171, 235] so häufig die Behauptung findet, der Fasergehalt schwanke zwischen 6 und 30%, sogar bis 40% [205] des Trockengewichts je nach den Standorts- und Ernährungsbedingungen [48, 206/07], bzw. die Ausbeute an Fasern betrage 4, 6, 16, 26, 28, 30, 32% [138], 8 bis 15% [127], 10 bis 12% [193], zwischen 15 und 20% [48], nach anderen 20 bis 25% [169a], 18 bis 25% „mit Gummi“ [113], sogar finden sich so detaillierte Angaben wie: Ende Juni in den trockenen entblätterten Stengeln 40—44%, Ende Juli 34—36%, Ende August 20—22%, Ende September 12—14%, Ende Oktober 6—9% und in überwinterten Stengeln im Februar des folgenden Jahres 3—4% [116].

Es ist gewiß bemerkenswert, daß in der Natur die Nessel solchen niedrigen Fasergehalt aufweist. Denn ebensogut wie es uns gelang, durch Kreuzung den Fasergehalt ganz außerordentlich zu erhöhen, und zwar nicht nur durch Kreuzung relativ faserreicher Eltern miteinander (s. u.), könnte man eigentlich daran denken, daß sich in der Natur bei den fremdbestäubenden Nesseln auch bisweilen günstige Kombinationen zur Hervorbringung faserreicher Nachkommen ergeben würden. Aber derartige Fälle sind offensichtlich außerordentlich selten, wie wir das bei anderen Pflanzen ja auch kennen, sei es nach der positiven Seite hin oder nach der negativen wie bei manchen Alkaloidpflanzen, z. B. Lupinen und Tabak. Der am raschesten und aussichtsreichsten zum Ziele führende Weg erschien demnach, zu versuchen, neue gute und faserreiche Sorten durch geschlechtliche Kombinationszüchtung, durch Kreuzung unserer äußerlich besten zu schaffen, die besten dieser dann wieder untereinander zu kreuzen und damit solange fortzufahren, bis neben dem gewünschten Phaenotyp ein ausreichend hoher Fasergehalt erzielt war. Wobei allerdings der Begriff „ausreichend" recht dehnbar ist. Während seitens der Industrie zunächst etwa 8% Fasern als ausreichend bezeichnet wurde und sich dann, als diese erreicht waren, der Appetit auf 10%, dann auf 14%, und als auch diese nach rd. 25 Jahren züchterischer Arbeit erreicht waren, schließlich auf 16% steigerte, mußte es den Züchter nur ehren, als man von ihm als „zweifellos nicht schwer erreichbar" wünschte und erwartete, er möge nun die Fasern in ihrer Feinheit und Gleichmäßigkeit auch noch an die Baumwolle annähern.

Durch Kreuzung der ausgelesenen Eliten

Im Jahre 1921 wurde das gesamte selektionierte Nesselmaterial aus dem Zuchtgarten in Friesack/Mark an das derzeitige Institut für Pflanzenzüchtung der Preußischen Landwirtschaftlichen Versuchs- und Forschungsanstalten in Landsberg/Warthe übergeben, und von 1927 ab wurden die Arbeiten im Staatsinstitut für Angewandte Botanik in Hamburg bzw. auf dessen Versuchsfeld Wulfsdorf weitergeführt.

Die Kreuzung läßt sich bei der Nessel leicht durchführen, wenigstens sofern man es mit zu bestäubenden rein weiblichen Sorten zu tun hat[1]): Am einfachsten schließt man an einer solchen Pflanze eine Reihe von ♀ Blütenrispen in Pergamintüten ein, nachdem man zuvor möglicherweise bereits bestäubte Blüten oder jungen Fruchtansatz entfernt hat, und hängt in diese ein abgeschnittenes Stück einer stäubenden oder kurz vor dem Stäuben stehenden ♂ Blütenrispe hinein. Am nächsten, eventuell auch übernächsten Tag erneuert man es. Man kann auch Pollen von den ♂ auf schwarzem Glanzpapier sammeln und mit einem Pinsel auf die ♀ bringen[2]). Das erstgenannte Verfahren erbrachte, wie verständlich, den stärksten Befruchtungserfolg. Bei „weiblichen Zwittern", ♀ mit vereinzelt eingestreuten ♂ Blüten, muß man letztgenannte vor dem Einschluß nach Möglichkeit entfernen und anfangs häufig kontrollieren. Wenn trotzdem die eine oder andere ♂ Blüte nachkommen sollte, kann neben der Kreuzungsbestäubung auch etwas Selbstbestäubung eintreten, was für unsere Zwecke aber auch nicht allzuviel schadete. Es gibt aber auch „männliche Zwitter", monözische Pflanzen, ♂ mit vereinzelt eingestreuten ♀, ferner Übergänge zwischen beiden, die etwa gleichviel ♂ und ♀ Blüten auf einer Rispe enthalten; beide sind für Kreuzungszwecke ungeeignet, man läßt sie besser sich

---

[1]) *Urtica dioica* ist normalgeschlechtlich. Isolierte ♀ fruktifizieren nur, wenn sie ♂ oder ⚥ Blüten erzeugen und durch deren Pollen bestäubt werden [216].

[2]) Auf künstlichem Nährboden sind die Pollen von *Urtica dioica* schwer zu Keimung zu bringen und scheinen überhaupt ihre Keimfähigkeit bald zu verlieren [88, 125].

selbst bestäuben und untersucht die Nachkommen. Endlich gibt es Nesseln, die sowohl rein ♀ als auch rein ♂ Blütenrispen auf ein und derselben Pflanze tragen. Das sind dann meist Pflanzen, die anfänglich rein ♀ erscheinen, bis dann in der oberen Blütenregion unerwartet ♂ Rispen aufkommen. In einigen Fällen wurden auch Zwitter beobachtet, bei denen die Rispen an der Basis rein ♀, an der Spitze rein ♂ waren. Diese Erscheinung scheint dominant vererblich zu sein, hat aber an sich für die Praxis keine Bedeutung. G. HEGI [82] führt auch

Abb. 5. Die zu kreuzenden ♀ und ♂ Nessel-Elternpaare sind in einem Vegetationsgefäß zusammengepflanzt und mittels Pergaminumhüllung vor Fremdbestäubung geschützt. Die Pergaminumhüllung ist oben durch Haube zu öffnen

eine *f. androgyna, monoeca Beck* auf, die im oberen Teil ♀, im mittleren gemischte und im unteren ♂ Blütenstände trägt[1]).

Kam es für besondere Zwecke auf größere Mengen von Kreuzungssamen an, so verfuhren wir so, daß wir die beiden Partner, ♂ und ♀, im Frühjahr zusammen in einem Vegetationsgefäß auspflanzten und beide kurz vor ihrer Blüte, oder wenn sie verschiedene Blütezeit hatten, kurz vor der Blüte des einen Partners das Ganze, durch Drahtgestell gestützt, mit einer Pergaminumhüllung versahen, deren Deckel abhebbar war, wie Abb. 5 das zeigt. Diese Gefäße müssen

[1]) Über abweichende Geschlechtsverhältnisse bei *U. dioica* siehe ferner ED. STRASBURGER 1910 [216].

natürlich vor Regen geschützt, aber sonst hell und luftig gestellt werden[1]). Auch im zweiten Jahr können sie wieder für gleiche Zwecke dienen. Noch größere Mengen von Kreuzungssamen würde man natürlich erzielen können, wenn man die beiden zu kreuzenden Partner gemischt zusammen auf einem keiner Fremdbestäubung ausgesetzten Platze anbauen und sich selbst bestäuben lassen würde. Aber bei unseren ausgedehnten Nesselbeständen wäre Fremdbestäubung von allen Seiten nicht zu vermeiden gewesen. Wir behalfen uns teilweise dadurch, daß wir eine größere Anzahl von ♀, die mit bestimmten ♂ gekreuzt werden sollten, in große Vegetationstöpfe pflanzten und diese kurz vor der Blüte der ♀ mitten in dichte Bestände der betreffenden ♂ setzten (falls solche von den betreffenden ♂ vorhanden waren). Gefahr einer Fremdbefruchtung war dann kaum gegeben, zumindest wurden die ♀ zum weitaus größten Teil von den ♂ bestäubt, in dessen dichten Bestand sie eingestellt waren, was für unsere Zwecke oft genügte.

Prüfung der Kreuzungssämlinge

Die gebildeten Samen (Früchtchen) wurden sorgfältig vor dem Ausfallen gesammelt, bezeichnet und oberflächlich gereinigt. Im nächsten Frühjahr um Anfang März wurden sie ausgesät, und zwar, wenn größere Mengen einer Kreuzung vorlagen, direkt in ganz dünner Aussaatmenge ins kalte Frühbeet. Wenn von einer Kreuzung nur geringe Samenmengen gewonnen waren, in Kästen, Töpfe oder Schalen, die im kalten Gewächshaus gehalten wurden. Waren nur vereinzelte Samen geerntet, so wurde versucht, sie in Petrischalen im Laboratorium zum Keimen zu bringen. Diese in Kästen, Töpfen und Petrischalen gekeimten Pflänzchen mußten dann mit aller Sorgfalt zuerst in Kästen pikiert werden, ehe sie mit in die Frühbeete kamen, während die direkt ins Frühbeet gesäten Samen, die durchweg gut aufliefen, ohne Pikierung im Frühbeet verblieben. Die jungen Pflänzchen entwickelten sich im allgemeinen gut. Nach einiger Zeit wurden sie gekappt, um sie zur „Bestockung“ anzuregen, dann abgehärtet, und waren um Mitte Mai als sogenannte „Sämlinge“ verpflanzungsfähig. Nachdem die Spätfrostgefahr vorüber, wurden sie dann ins Freiland verpflanzt, auf die sorgfältig vorbereiteten und gut gedüngten gleichmäßigen Flächen im Abstand von 100×100 cm, wie das Abb. 6 und 7 zeigen. Man erkennt in beiden auch die rasche Entwicklung der Sämlinge: Die in Abb. 6 sind vor genau einem Monat ausgepflanzt worden, die in Abb. 7 sind drei Wochen älter. Jeder „Kreuzungssatz“ umfaßte etwa 10000 Kreuzungsnachkommen verschiedener Kreuzungskombinationen. Man muß beim Auspflanzen Sorge tragen, daß, besonders bei nur geringer Nachkommenschaft einer solchen, sie auf dem Felde dauerhaft deutlich bezeichnet werden.

---

[1]) Die geringe Abdunkelung durch das Pergamin schadet nicht. Nach Fr. Laibach u. Fr. Kribben (Z. Naturforsch. Tübingen, *5b*, 1950, 160—166) ist *U. dioica* eine extreme Langtagpflanze. Die kritische Tageslänge dürfte mehr als 12 Stunden betragen. Anfang September setzen neu austreibende Sprosse ebensowenig Blüten an wie die weiterwachsenden Spitzen von Stengeln, die vorher in ihren Blattachseln Infloreszenzen getragen haben.

Abb. 6. Kreuzungssämlinge zur Beobachtung auf dem Versuchsfelde; am 18. Mai im Abstand von 100 × 100 cm ausgepflanzt. Abb. 6 zeigt die rasche Entwicklung der jungen Pflanzen, Aufnahme am 18. Juni

Abb. 7. Dieselbe Pflanzung, drei Wochen später, Aufnahme am 7. Juli

Der Abstand 100×100 cm erscheint groß, darf aber nicht enger gewählt werden, weil es Rassen gibt, die so stark Ausläufer bilden, daß man aufpassen muß, sie bei genanntem Abstand nicht ineinander wachsen zu lassen. Abb. 8, a und b, beide am gleichen Tage aufgenommen, zeigt den Unterschied zwischen einer solchen stark ausläufertreibenden, aber lockerwüchsigen Rasse und einer nur wenig Ausläufer treibenden, aber dichtwüchsigen. Beide haben ihre Vorzüge und Nachteile: Erstgenannte schließen die Reihen rascher, verunkrauten aber in den Bulten (Stauden) wegen ihres lockeren Wuchses nach der Stengelernte

a

b

Abb. 8. Zwei verschiedene Wuchsformen der Fasernesseln, beide am gleichen Tage aufgenommen

a) lockerwüchsiger Typ, der die Reihen rasch schließt, aber nach der Stengelernte leichter Unkraut in den Bulten aufkommen läßt

b) geschlossenwüchsiger Typ schließt die Reihen langsamer, läßt aber nach der Stengelernte in den Bulten nur schwer Unkraut aufkommen

leichter, während letztgenannte die Reihen langsamer schließen, in deren kompakten Bestand nach der Stengelernte aber kaum Unkraut in den Bulten aufkommen kann (s. S. 62 und 79).

Im ersten Jahr der Aufpflanzung muß sich die Bonitierung der heranwachsenden Sämlinge nur auf vorläufige Feststellungen beschränken, wie Wüchsigkeit, Wuchsform, Farbe der Stengel, Geschlecht, Früh- und Spätblüte bzw. -reife, vorläufig deswegen, weil an diesen erstjährigen Sämlingen manche Eigenschaften noch nicht sicher zu bestimmen sind, z. B. Wüchsigkeit, Langstengeligkeit und sogar Geschlecht, Geschlecht insofern nicht, als z. B. rein ♀ erscheinende erstjährige Sämlinge vom nächsten Jahre ab sich oft als Zwitter erweisen. Auch Faserbestimmungen sind im ersten Jahre noch unsicher. Immerhin wurden sie an einer möglichst großen Reihe von Sämlingen, die durch Wüchsigkeit und Stengellänge hervorragten, schon ausgeführt. Sich dabei als faserarm erweisende Pflanzen kann man gleich ausscheiden, sie erweisen sich auch in den weiteren Jahren als solche. Wir haben sie allerdings meist in der Aufpflanzung belassen, um keine Fehlstellen, Quellen der Verunkrautung, zu schaffen und eventuell ihren schönen Phaenotyp für weitere Kombinationszüchtung zu verwerten.

Vom zweiten Jahre ab lassen sich alle Eigenschaften bestens beurteilen. Bei der großen Anzahl der zu beobachtenden Sämlingspflanzen muß man sein Augenmerk für die Auslese auf besondere Merkmale richten. Prüfung auf Frostempfindlichkeit ergibt sich von selbst. Spätaustreibende Sorten sind weniger spätfrostgefährdet als frühaustreibende. Weiter wird das Augenmerk besonders auf gute Wüchsigkeit, lange, unverzweigte, gerade aufsteigende, standfeste Stengel, starke Beblattung und kräftige Bestockung und natürlich Fasergehalt konzentriert. Ob man ♀ oder ♂ Sorten bevorzugen soll, ist noch offen. W. LAUBE 1920 [122] stellte, wie erwähnt, fest, daß seine ♀ höhere Stengelgewichte erzielten als die ♂ und gibt dafür eine ganz natürliche Begründung: Die ♂ stellen nach Abstoßung der Sexualzellen ihren Stoffwechsel ein, die ♀ müssen ihn zwecks Ausbildung der Früchtchen noch etwa einen Monat fortsetzen. Auch wir haben empfohlen 1919/20 [23/24], ♀ Sorten zu wählen, weil sie die ♂ sowohl im Ertrage als auch an Fasergehalt überträfen und weil außerdem bei Ausbleiben der Bestäubung die Vegetationsdauer der ♀ verlängert und dadurch bei ihnen eine weitere Ertragssteigerung erzielt werden könne, anderseits auch durch Vermeidung einer zwecklosen überreichen Samenbildung eine Ersparnis am Nährstoffkapital des Bodens zu erzielen sein würde. Das in diesem strengen Sinne etwas einzuschränken, erscheint uns nach den neueren Beobachtungen an Tausenden von „Sorten“ angebracht. Sorten, die hohen Anforderungen entsprechen, kann man sowohl unter den ♀ als auch unter den ♂ antreffen. Und sicher ist auch, daß der Fasergehalt der ♀ durchaus nicht durchschnittlich höher ist als bei den ♂. Auch sonst liegen keine Tatsachen vor, die für eine grundsätzliche Bevorzugung der ♀ vor den ♂ oder umgekehrt sprechen. Hinsichtlich des Nährstoffbedarfs hat G. BREDEMANN 1942 [33] in sehr eingehenden Untersuchungen keinen sicheren Unterschied zwischen ♀ und ♂ feststellen können. AL. JURACEC 1941 [101] fand, daß die Atmungsintensität bei den Blättern der ♂ Nesseln größer ist als bei den ♀, wie er das ähnlich auch bei *Salix* nachgewiesen hatte. K. DAHLGREN 1929 [45] hatte bei den ♀ Blüten von *Urtica dioica* höheren Katalase-Gehalt festgestellt als bei den ♂, während die Blätter der ♀ und ♂ keinen Unterschied zeigten. Das hat aber für unsere Frage keine Bedeutung, auch kaum der — nicht an Nesseln festgestellte — Befund von H. KOSAKA 1933, daß anthocyanhaltige Pflanzen bei Besonnung stärker, bei abgeschwächtem Sonnenlicht schwächer transpirieren als wenig

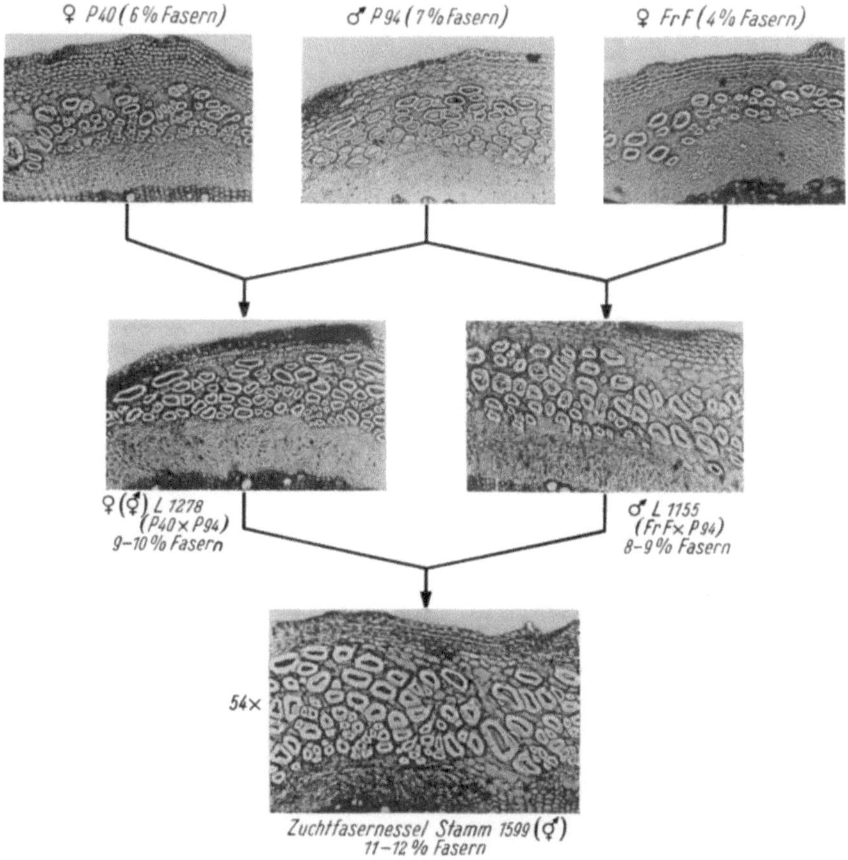

Abb. 9. Stammbaum der „Zuchtfasernessel 1599“ als Beispiel

oder keinen Farbstoff enthaltende Rassen[1]), denn bei rotstengeligen Nesseln steht die Mehrzahl der roten Stengel im Zentrum der dichten Bulte stets in diffusem Licht (s. Abb. 30).

Auch im dritten Jahr der Aufpflanzung muß man unbedingt die Bonitierung und besonders auch die Faserbestimmungen fortsetzen, wenn man einigermaßen sicher gehen will, die wirklich faserreichsten Nachkommen auslesen zu können. Noch größere Gewißheit über den mittleren Fasergehalt und seine bekanntlich von Wetter und Ernährung stark abhängigen Schwankungen (s. S. 51) würde eine dritte Faserbestimmung im vierten Aufpflanzungsjahr geben, die wir bei zur Selektion ins Auge gefaßten Pflanzen auch ausnahmslos ausführten. Einige wenige wahllos herausgegriffene Zahlen solcher in vier aufeinanderfolgenden Jahren beobachteten Schwankungen des Fasergehalts — die übrigens, auch für die Züchtung wertvoll, gleichzeitig die verschiedene „Ertragstreue" der verschiedenen Sorten zeigen —, mögen das illustrieren (% Fasern in der Trockensubstanz):

6,5	7,2	9,5	10,1	10,9	11,0	11,5	13,5	10,8	—
4,6	8,9	11,1	12,3	10,2	10,2	12,1	11,8	13,5	15,2
4,2	11,1	10,3	10,0	10,4	9,9	11,6	12,0	15,5	17,4
5,2	11,5	10,3	10,0	9,5	9,9	10,4	11,0	16,4	17,6

Erreichte Zuchterfolge

Es ist hauptsächlich diese Labilität des Fasergehalts, welche die Nesselzüchtung so schwierig, oder besser gesagt, so langwierig macht. Denn beginnend von der Aufpflanzung der Wildnesseln zwecks Leistungsprüfung (s. S. 9) vergehen 9 bis 10 Jahre, bis man von dem ersten „Satz" (s. S. 13) eine oder mehrere der neuen einwandfrei faserreicheren Sorten in für Sortenversuche ausreichender Menge Pflanzmaterial herangezogen haben kann. Die Herstellung des zweiten „Satzes", für den die Kreuzungen bereits während dieser Zeit vorgenommen werden können, benötigt entsprechend kürzere Zeit, aber zumindest 4 bis 5 Jahre, desgleichen die weiteren „Sätze". Wir haben in der Zeit von 1918 bis 1946 vier „Sätze" hergestellt. Im ersten wurden verschiedene unserer äußerlich am meisten ansprechenden faserreichsten Wildnesseln untereinander gekreuzt. In dem auf Tafel 3 dargestellten Beispiel waren es einerseits ♀ 4% mit ♂ 7% und anderseits ♀ 6% mit dem gleichen ♂ 7%. Unter den vielen Nachkommen wurde bei erstgenannter Kombination ein besonders ansprechendes ♂ mit 8—9% und ein ebensolches ♀ (⚥) mit 9—10% Fasern gefunden. Diese beiden wurden neben anderen in einem zweiten „Satz" untereinander gekreuzt (s. Tafel 3) und ergaben unter den zahlreichen Nachkommen neben vielen minderwertigen und faserarmen Pflanzen auch eine ganze Anzahl guter und unter diesen einige mit wiederum erhöhtem Fasergehalt, darunter eine „Zuchtfasernessel" mit 11—12% Fasern, unsere spätere, auch in das Sortenregister des damaligen Reichsnährstandes aufgenommene Sorte 10, „Cotona"

[1]) J. Dep. Agr. Kyushu Imp. Univ. 4, 1933, 95—126.

benannt, ⚥. Sie und unsere aus anderen Kombinationen dieses zweiten Kreuzungssatzes hervorgegangenen, s. Z. ebenfalls in das Sortenregister eingetragenen Sorten: 9 „Fibra" ⚥, 12—13%, Sorte 11 „Texta" ♀, rd. 10% und Sorte „Hansa" ♀, rd. 11% dienten dann als Mütter für Kreuzungen mit faserreichen ♂ des zweiten Satzes zur Herstellung des dritten Satzes, aus dem wiederum eine Anzahl noch hochwertigerer Nachkommen, ♀ und ♂ mit bis zu 14—15% Fasergehalt selektioniert und vermehrt werden konnten und die dann wieder zur gegenseitigen Kreuzung für den vierten Satz dienten. Dieser letzte konnte leider nicht mehr ganz zur Auswertung kommen, weil die Nesselforschungsarbeiten aus äußeren Gründen eingestellt werden mußten. Aber, wie vorläufige Untersuchungen zeigten, wies er wiederum eine ganze Anzahl hochwertiger Nachkommen auf, unter ihnen solche mit 16—17% Fasern.

Abb. 10. Sortenversuche mit den Zuchtfasernesseln auf dem Versuchsfeld Wulfsdorf. Die Erträge der einzelnen Teilstücke werden direkt auf dem Felde festgestellt

Wir haben hier somit das typische Beispiel einer gelungenen Transgressionszüchtung vor uns, wie sie uns in gleicher Weise auch bei Züchtung des Hanfes auf hohen Fasergehalt 1933—1950 [37/39] große Erfolge gebracht hat.

Transgressionen — nach der positiven und auch negativen Seite hin — werden bekanntlich durch das Zusammenspiel mehrerer oder vieler gleichmäßig wirkender Erbfaktoren hervorgerufen, welche ein und dieselbe Eigenschaft bedingen und deren Wirkung sich addiert[1]). Bei der Nessel handelt es sich offenbar um mehrere unabhängig voneinander mendelnde Erbfaktoren, was wiederum bedingt, daß die verschiedenen Kreuzungskombinationen sich in ihrer Transgressionswirkung nicht gleichen. Quantitative Untersuchungen darüber, welche Kombinationen bzw. welche ♂ am besten mit welchen ♀ wirken,

[1]) s. TH. ROEMER, Transgressionszüchtung. Ztschr. f. Züchtung, Reihe A, Pflanzenzüchtung, 18, 1933, 168—178.

wurden nicht regelmäßig angestellt, über einige wird auf S. 37 im Abschnitt „Vermehrung durch Samen“ berichtet werden. Die Tabelle 1 zeigt dort auch, daß positive Transgressionen von Bedeutung nicht gerade häufig auftraten, bei 1000 Sämlingspflanzen zwischen 2 und 20.

Es war also gelungen, in der allerdings stattlichen Zeit von über 30 Jahren den Fasergehalt der Wildnessel von rd. 5% auf über 17% zu bringen, d. h. ihn zu verdreifachen. Weitere Erhöhung um einige Prozent wäre bei Fortsetzung der Arbeiten sicherlich zu erreichen gewesen. Noch 1919 erbrachten die allerbesten Bestände der Nessel-Anbau-Gesellschaft in Friesack/Mark vom Hektar günstigstenfalls 125—160 kg Fasern, während mit den neuen „Fasernesseln“ optimal das 4- bis 5fache zu erzielen ist [39].

Nach vorläufigen Untersuchungen [93] scheint mit steigendem Fasergehalt einer Sorte auch die Länge ihrer Fasern zuzunehmen, was eine wesentliche Verbesserung der Faserqualität bedeuten würde. Es wurde gefunden:

Faserlänge mm (Mittel aus je 5 Messungen)

Sorte	oben	Mitte	unten	Gesamtmittel	Fasergehalt %
4	34,0	34,6	35,0	34,5	3,1
13889	41,2	40,1	49,0	40,4	9,4
9	44,8	45,4	44,6	44,9	12,0
14	53,0	54,0	53,0	53,5	13,6

Übrigens ist, ebenso wie Ertrag und Fasergehalt, auch die Stapellänge Sorteneigenschaft und gleichfalls von äußeren Verhältnissen abhängig. Sie kann daher bei ein und derselben Sorte in verschiedenen Jahren verschieden sein. Nachstehend die diesbezüglichen Befunde an nach dem ELSTER-Verfahren (s. S. 87)

1929 Stapellänge			1930 Stapellänge	
		Sorte A		
60 mm	50%		47 mm	15%
<60 „	50%		30 „	20%
			<30 „	65%
		Sorte B		
65 mm	25%		55 mm	10%
30 „	40%		30 „	10%
<30 „	35%		<30 „	80%
		Sorte C		
45 mm	35%		60 mm	25%
30 „	35%		40 „	15%
<30 „	30%		<40 „	60%
		Sorte D		
55 mm	35%		50 mm	10%
30 „	35%		30 „	15%
<30 „	30%		<30 „	75%

gewonnenen Fasermaterial von vier verschiedenen hier A bis D bezeichneten Sorten vom gleichen Standort. Man sieht, daß die Stapellänge im zweiten Erntejahr meistens, aber nicht immer, kürzer ausgefallen ist (1).

Wie weit wird sich der Fasergehalt der Nessel überhaupt steigern lassen? Wobei man hinzufügen muß: ohne die Pflanze zu schädigen. Bemerkenswerterweise erwies sich [31] durchweg der Rindenanteil am Stengeltrockengewicht bei faserarmen und faserreichen Sorten als nicht grundsätzlich verschieden. Infolgedessen ist der Fasergehalt der Rinde bei faserreichen Zuchtsorten schon ein — man möchte sagen — gefährlich hoher geworden: Bei Sorten mit z. B. nur 8% Fasern besteht die Rinde zu rd. 24% ihres Trockengewichtes aus Fasern, bei Sorten mit z. B. 14% Fasergehalt aber schon zu 42% [31]. Sie nimmt damit einen wesentlichen Bestandteil der Rinde ein, wie das die mikroskopischen Bilder der Abb. 9 klar zeigen[1]). Man kann sich vorstellen, daß eine Zurückdrängung bzw. Kollabierung und damit Außerfunktionssetzung lebenswichtiger Zellen des Rindengrundgewebes (Siebröhren!) durch das zunehmende Bastfasergewebe nur bis zu einem gewissen Grade ohne physiologische Schädigung der Pflanze erfolgen darf. Für wesentlich weitere Erhöhung des Fasergehalts würde daher wahrscheinlich gleichzeitige Züchtung auf hohen Rindengehalt — aber nicht auf Kosten des absoluten Holzgehalts bzw. der Lagerfestigkeit! — ins Auge zu fassen sein. Solche Varietäten sind nicht häufig, kommen aber vor; vgl. hierzu auch S. 81.

Kreuzungsversuche von Urtica dioica mit anderen Urtica-Spezies

Nicht unerwähnt möge bleiben, daß wiederholt auch Kreuzung unserer *Urtica dioica* mit der Sibirischen Nessel, *Urtica cannabina L.*, versucht wurde, deren Nutzung als Faserpflanze in der älteren Literatur oft empfohlen wurde und die in anderen Ländern, besonders in verschiedenen asiatischen Gebieten der UdSSR anscheinend bisweilen heute noch wild zur Herstellung von groben Garnen, Netzen, Stricken und dergleichen genützt wird, es jedenfalls bis in die neuere Zeit hinein wurde [62, 71, 149, 155, 159]. Nach unseren Untersuchungen ist ihr Fasergehalt ebenso gering wie der unserer Wildnesseln und die Fasern an sich sind von guter Beschaffenheit [31a]. Doch hat die Sibirische Nessel die unangenehme Eigenschaft, stark schmerzendes und langandauerndes Brennen der Haut zu verursachen, was auch in der sowjetischen Literatur erwähnt wird [71, 159]. Sie verliert diese Eigenschaft auch nach dem Trocknen nicht im Gegensatz zu unserer *Urtica dioica*, welche nach dem Welken der Blätter kaum noch brennt. Es gibt aber auch bei der Sibirischen Nessel sehr verschieden stark, sogar kaum brennende Varietäten [24]. Eine Kreuzung mit unserer *U. dioica* oder umgekehrt, die auch für unsere Zwecke wohl wenig Bedeutung gehabt

---

[1]) Auch bei Hanf, *Cannabis sativa*, vgl. G. Bredemann 1952 [37].

hätte, gelang nie; in einigen Fällen wurden zwar vereinzelte Früchtchen gebildet, sie waren jedoch hohl und nicht keimfähig[1]).

Auch der Versuch *U. dioica* mit der großsamigen einjährigen *U. pilulifera* L. [31 a] zu kreuzen, oder umgekehrt, gelang nicht, wie auch kaum zu erwarten. *U. pilulifera* hat sehr ölhaltige Samen mit einem 1000-Korngewicht von 2,16—2,63 g gegen etwa 0,14 bei *U. dioica* und 0,75 g bei *U. cannabina* [155] — und 3,5 bis 6 g beim Lein —, und es sollte versucht werden, durch diese Kreuzung eine Nessel zu erhalten, die als u. U. wertvolles Nebenprodukt ölhaltige Samen liefert (vgl. S. 116). Auch W. LAUBE 1920 [122] berichtet über erfolglose Kreuzungsversuche von *U. dioica* mit *U. pilulifera*, *cannabina* und *urens*[1]).

Methoden der quantitativen Faserbestimmung

Vorbedingung für erfolgreiche züchterische Bemühungen um Erhöhung des Fasergehalts der Nesselstengel war natürlich eine einwandfreie Methode zur quantitativen Bestimmung des Fasergehalts. Eine solche wurde von G. BREDEMANN ausgearbeitet und 1922 zum ersten Male veröffentlicht [27]. Viele Forscher des In- und Auslandes haben sich des Verfahrens bedient. Es liefert sehr genaue, von unkontrollierbaren Zufälligkeiten unbeeinflußte Ergebnisse und ist mit einfachen Mitteln ohne große Apparatur oder gar Spezialmaschinen in jedem gut eingerichteten Laboratorium und an verhältnismäßig geringen Mengen, auch Einzelstengeln, zuverlässig auszuführen. Wie zuverlässig die Methode arbeitet, zeigen z. B. unsere Tabellen 5 und 6, auch die Tab. 2 unserer Pfropfversuche [36] und tausende von Parallelbestimmnungen bei unseren Züchtungs- und Düngungsversuchen.

Das im Laufe der Jahre auf Massenbestimmungen umgestellte Verfahren [32] arbeitet folgendermaßen: Wichtig ist zunächst richtige Probenahme und Vorbereitung der Proben. Sie macht keinerlei Schwierigkeiten, da die Nessel zum Unterschied von Hanf und Flachs nicht einen einzigen Stengel treibt, sondern schon vom zweiten Jahre ab aus den großen Bulten der Wurzelstöcke und Wurzeln 30—50 und mehr Einzelstengel entwickelt (Abb. 30). Man hat daher auch bei Untersuchung von Einzelpflanzen stets reichliches Stengelmaterial zur Verfügung. Zweckmäßig entnimmt man der Staude an verschiedenen Stellen etwa 6—8 normale Stengel mittlerer Länge und Dicke, die man 6 bis 10 cm vom Boden entfernt, der Stoppellänge der Praxis entsprechend, abschneidet. Ganz tiefes Abschneiden verringert den zu bestimmenden Gesamtfasergehalt, zu hohes Schneiden, also mit sehr langer Stoppel, erhöht ihn unberechtigterweise, s. S. 74. Man untersuche nur ganze Stengel, keine Ausschnitte, denn der Fasergehalt in den verschiedenen Stengelhöhen ist verschieden. Auch Mittelstücke liefern keine zuverlässigen Werte. Wenn auch nach unseren Untersuchungen [30] der Fasergehalt in der Stengelmitte dem mittleren Fasergehalt des ganzen Stengels am nächsten kommt, so ist er dort doch etwas

[1]) *Urtica urens* hat nach neueren Untersuchungen [131] in der diploiden Form 2n = 24, aber auch 26 Chromosomen, in der tetraploiden 2n = 52. Bei *U. dioica* sind gleichfalls 2n = 24 und 26, sowie 2n = 48 und 52 Chromosomen festgestellt.

höher als der Durchschnitt. Und je ungenauer das Mittelstück, besonders nach der oberen Stengelpartie zu entnommen wird, desto ungenauer werden die Werte (zu hoch!).

Aus den der Pflanze entnommenen Stengeln wird eine engere Mittelprobe gezogen, am besten 4 bzw. 6 Stengel, nachdem sie zuvor gemessen und sorgfältig von Blättern, Blüten- und Fruchtständen befreit sind. Um für die Einzelbestimmung nicht zuviel Stengelmaterial zu haben, was die Reinigung der entsprechend großen Fasermasse erschweren würde, schneidet man jeden Stengel in zwei genau gleichlange Hälften, entnimmt an je zwei bzw. drei Stengeln die obere und an den zwei bzw. drei anderen die untere Hälfte und mischt diese vier bzw. sechs Stücke zu einer Probe zusammen. Die restlichen vier bzw. sechs Hälften stellen eine Parallelprobe für die Kontrolluntersuchung dar. Die so vorbereiteten Stengelproben werden auf eine Dezimale genau abgewogen, wobei automatische Waagen die Arbeit sehr beschleunigen. Gleichzeitig mit dem Abwägen der Probe zur Faserbestimmung werden eine Anzahl Proben von weiteren Stengeln, die unter genau gleichen Verhältnissen gelagert haben wie die zur Faserbestimmung zerschnittenen, zur Wasserbestimmung benutzt. Der an diesen ermittelte Feuchtigkeitsgehalt wird allen gleichzeitigen Faserbestimmungsproben zur Berechnung auf „Fasergehalt in der Trockenmasse" zugrunde gelegt.

Jetzt beginnt der Voraufschluß: Die auf eine Dezimale abgewogenen, aus den gemischten Stengelstücken bestehenden Proben werden in geeigneter Weise gebündelt und mit Metallmarken aus Kupferblech mit eingestanzten Nummern bezeichnet. Diese Bündel werden in einem Bottich mit Deckel in einer 0,4%igen Lösung von kristallisierter Soda, $Na_2CO_3 + 10\,H_2O$, technisch, 2 Stunden lang gekocht. Die schwache Sodalösung greift die Rinde nur so weit an, daß sie noch genügend Haltbarkeit behält, um in ganzen Streifen mit Hand abgezogen werden zu können. Sie soll nicht schleimig erweichen, weil sie dann beim Abziehen zerreißt und nur noch in Klumpen abgestreift werden kann, die sich schlecht ausspritzen lassen. Zweckmäßig prüft man nach etwa $1^1/_2$ Stunden, von Beginn des Siedens an gerechnet, ob der richtige Aufschließungsgrad erreicht ist und unterbricht gegebenenfalls die Kochung bzw. setzt sie weiter fort.

Die abgezogene Rinde wird vor der nun im Hauptaufschluß folgenden Autoklavkochung kalandert, d. h. gequetscht, entweder mittels Wringmaschine mit Gummiwalzen oder in nach demselben Prinzip gebautem Kalander mit glatten, druckregulierbaren Eisenwalzen. Kalanderte Nesselrinde läßt sich nach der Autoklavkochung besser ausspritzen als nicht kalanderte, wodurch der für das Kalandern erforderliche Zeitaufwand wieder aufgehoben und die angestrebte gute Reinheit der Fasern gewährleistet wird. Es läßt sich auch ohne Kalandern gute Reinheit erzielen, nur erfordert dann das Ausspritzen längere Zeit und erhöhte Sorgfalt. Die kalanderte (oder nicht kalanderte) Rinde wird dann zusammen mit der zugehörigen Metallmarke der Probe in sogenannte Kochtaschen eingeschlossen, die man aus etwa 25×25 cm großen viereckigen Stücken Bronzedrahtgewebe (12 Fäden auf 1 cm) faltet und in diesen 2 Stunden lang in 2%iger Natronlauge im Autoklaven bei 2 atü kocht.

Zur Reinigung der Fasern wird die Rinde in den Kochtaschen kurz gewässert und dann auf handliche Rahmensiebe möglichst parallel, nicht in Klumpen, aufgelegt. Die Rahmensiebe, etwa 60 × 35 cm groß, bestehen aus starken Messingrahmen, 20 mm breit und 5 mm dick, die mit Messinggewebe gleicher Maschenweite wie die Kochtaschen bespannt sind. Nun wird ausgespritzt, am besten abwechselnd mit heißem und kaltem Wasser aus der Wasserleitung, unter möglichst starkem Druck mit einer feinlochigen Brause an einem Druckschlauch, solange bis alle anderen Rindengewebe entfernt und nur „Reinfasern" zurückgeblieben sind. Bei der gewählten Maschengröße gehen keine technisch wertvollen Fasern durch das Sieb. Ein Bedecken mit einem zweiten Rahmensieb, wie wir es früher [32] bevorzugten, ist nicht nötig. Bei geschicktem Arbeiten werden keine Fasern vom Sieb heruntergeschwemmt; sicherheitshalber legt man aber unten in das Wasserbecken ein oder zwei weitere kleine Siebe ein. Die fortgeschrittene Reinigung, also Entfernung aller fremden Rindengewebeteilchen, kann man, wenn man das Rahmensieb gegen das Licht hält, gut beobachten. Ist ziemliche Reinigung erzielt, legt man ein zweites Rahmensieb auf, dreht beide um und spritzt die Fasermasse vom nun oben befindlichen ersten Sieb auf das zweite über. Dann wird das erste abgehoben und wieder ohne dieses weitergespritzt. Diesen Vorgang wiederholt man unter Wechsel des oberen und unteren Siebes, bis die erforderliche Reinheit erzielt ist. Das Sieb mit dem ihm aufliegenden Pelz der Reinfasern wird dann in geeigneter Weise zum Trocknen aufgestellt. Nach dem Trocknen läßt sich der Faserpelz leicht vom Drahtgewebe abziehen. Man reibt ihn zwischen den Händen kräftig durch, um möglicherweise noch vorhandene Verunreinigungen restlos zu entfernen, wickelt ihn mitsamt der zugehörigen Metallmarke zu einem Knäuel zusammen, trocknet diese 2 Stunden lang bei 105°, überführt sie noch warm in einen Exsikkator und wägt nach dem Erkalten und Entfernung der Metallmarke auf analytischer Waage auf drei Dezimalen. Aus dem Gewicht der so erhaltenen „Reinfaser" und dem vorher ermittelten Wassergehalt der zu untersuchenden Nesselstengel wird alsdann der „Reinfasergehalt in der Trockenmasse" berechnet. Der gefundene Wert gibt unmittelbar die erzielbare Faserausbeute an. Ob und wieweit sie erzielt wird, hängt lediglich davon ab, wie gut oder wie mangelhaft die technische Aufschließung funktioniert.

Die quantitative Bestimmung des Fasergehalts bei Nesseln nach dem Verfahren SORAU 1938/39 [133/34] und MÜNCHEBERG 1937 [208] gibt keine genauen Resultate, und die nach diesen Verfahren gewonnenen Werte lassen sich bedauerlicherweise weder untereinander noch mit den nach unserem Verfahren ermittelten vergleichen. Bei dem in Sorau — für Flachs — entwickelten Verfahren werden die Stengel bei 30° abgeröstet, die Rinde wird von den röstreifen Stengeln mit der Hand abgezogen und zwecks Reinigung in kleinen Drahtsieben auf einer Schüttelmaschine ausgeschüttelt und gewogen. Müncheberg arbeitet ähnlich, nur wird der Röstvorgang durch $^1/_2$- bis 1stündiges Kochen in 1%iger Natronlauge ersetzt. Die mit der Hand abgezogene Rinde wird in Einzelfächer enthaltenden Drahtsieben unter dauernder mechanischer Bewegung 1 Stunde in 3%iger Persillauge gekocht, die restierende „Faser" mit Wasser gespült, getrocknet und nach dem Auflockern durch Reiben mit der Hand gewogen. Die nach beiden Verfahren erzielten Fasern sind keine „Reinfasern“, sondern enthalten mehr oder minder starke unkontrollierbare Verunreinigungen an „Kittsubstanzen“, Rindenteilchen usw. trotz des schönen Aussehens der Müncheberger Fasern, das aber lediglich daher rührt, daß auch ihre Verunreinigungen in der Persillauge mit gebleicht sind. Nach unseren Ermittelungen ergeben beide Methoden um zwischen etwa 25 und 40% zu hohe Werte [32]. Dafür ist weniger die Art des Isolierens der Fasern aus der aufgeschlossenen Rinde verantwortlich, ob Ausspritzen, Auswaschen, Schütteln, Rotation, sondern besonders der Grad des Aufschlusses der Rinde. Wird dieser nur milde gehandhabt, durch Röste (Sorau) oder durch Kochen mit Persillauge (Müncheberg), so resultiert nur eine unreine, und zwar eine verschieden unreine Faser mit mehr oder weniger Schebengehalt, während unser energischerer Vor- und Hauptaufschluß eine gleichmäßige Reinheit der Fasern gewährleistet, und zwar ohne sie zu schädigen, so also, wie sie bei der technischen Aufbereitung angestrebt und auch erreicht wird.

Mit der „Methode Bredemann“ läßt sich also in verhältnismäßig kurzer Zeit der Fasergehalt auf chemischem Wege quantitativ mit großer Genauigkeit bestimmen. Nun sind für Massenuntersuchungen, wie Züchtungsarbeiten sie erfordern, solche sehr genauen Werte zunächst nicht immer durchaus erforderlich. Zu einer Vorauslese würde es genügen, wenn man mit Hilfe eines noch rascher arbeitenden Verfahrens erkennen könnte, ob die zu untersuchende Nesselpflanze geringen, mittleren, oder hohen Fasergehalt hat. Nur bei letzterem brauchte man dann zur endgültigen Auslese den Fasergehalt auf chemischem Wege genau zu bestimmen. Zu diesem Zwecke ist von Z. Illies 1948 [93] in unserem Institut untersucht worden, ob vielleicht auf mikroskopischem Wege eine Voruntersuchung für die Auslese möglich ist, ob diese genügend sichere Unterscheidungen der faserarmen und faserreichen Pflanzen gestattet und ob sie rascher ausführbar ist als die chemische Bestimmung. Besonders war dabei festzustellen, ob die morphologischen Unterschiede faserärmerer und faserreicherer Pflanzen gesetzmäßig genug sind, um darauf durch mikroskopische Ausmessungen eine ausreichend sichere Methode zu ihrer Unterscheidung in den für die Vorauslese erforderlichen Grenzen aufzubauen. Daß man große Unterschiede mikroskopisch leicht erkennen kann, war von vornherein nicht zweifelhaft, vgl. Abb. 9. Doch mit fortschreitender Züchtung verwischen sich die Unterschiede der immer faserreicher werdenden Kreuzungsnachkommen mehr und mehr; ein Fasergehalt von 14% wird sich z. B. von einem solchen mit 14,6% im mikroskopischen Bild kaum abzeichnen, aber gerade solch geringe Unterschiede sind für die Züchtung von großer Wichtigkeit. Es war also besonders auch die Empfindlichkeit einer solchen Methode zu prüfen, d. h. festzustellen, ob und wieweit sie geringe Unterschiede im Fasergehalt mit genügender Genauigkeit anzuzeigen imstande sei.

Die umfangreichen Untersuchungen ergaben, daß man den im mikroskopischen Querschnittsbild erkennbaren Unterschied in der Ausbildung der

Faserschichtbreite bei den verschiedenen Kreuzungsnachkommen zur Beurteilung des gesamten Fasergehalts heranziehen kann, wenn man auch die übrigen Gewebeschichten des Stengels mißt und das Verhältnis der Faserschichtbreite zu ihnen feststellt. Man verfährt so, daß man von drei möglichst gleichmäßigen schnittreifen Stengeln der zu untersuchenden Pflanze oder Sorte durch die Mitte des in der Stengelmitte liegenden Internodiums Querschnitte macht. Fällt die Mitte des Stengels auf ein Nodium, so wählt man das darunterliegende Internodium. An den in Glycerin eingebetteten Schnitten werden bei etwa 50facher Vergrößerung mit dem Okularmikrometer gemessen: 1. Die Breite des Gesamtradius von der Epidermis bis zu den Scheidezellen des Xylems (s. Abb. 1a, $r_1 + r_2$), 2. die Breite der Faserschicht zwischen Außengewebe und Phloem, s. Abb. 1a. Alle Messungen werden auf den Radien r_1 und r_2 der Abb. 1 ausgeführt, und zwar an allen drei Stengeln rund um den ganzen Stengel herum bei allen vier Sektoren, insgesamt je Stengel also je acht Messungen. Setzt man nun das Mittel des Gesamtradius $r_1 + r_2 = 100$ und bezieht die absolute Breite der Faserschicht (FB) darauf, so erhält man FB%. Aus den so gewonnenen Werten für FB% läßt sich leicht die Einstufung der untersuchten Pflanze bzw. Sorte in eine Klasse vornehmen. Diese Klassen, drei genügen, stellt man zuvor durch Testuntersuchungen auf, indem man eine Anzahl der vorhandenen Zuchtsorten mit bekannten, nach Methode Bredemann (s. S. 21) chemisch bestimmten verschiedenen Fasergehalten ausmißt, z. B:

Mittelwerte von FB% nebst Streuung, in drei Klassen zusammengefaßt

Klasse	Fasergehalt	FB% + σ	Variationsbreite für FB%
1	< 8%	15,4 ± 1,4	14,0—16,8
2	8 —12%	17,2 ± 1,8	15,4—19,0
3	>12%	21,2 ± 1,8	19,4—23,0

Diese Testung nimmt man zweckmäßig jedes Jahr vor Beginn einer großen Untersuchungsserie vor, weil die Fasergehalte bekanntlich in den verschiedenen Jahren nach den Wachstumsbedingungen, vor allem nach Boden, Düngung und Witterung ziemlich stark schwanken können. Deshalb müssen auch alle Pflanzen einer jeweiligen Untersuchungsserie unter gleichen Verhältnissen herangewachsen sein und sich auch in gleichem Entwicklungsstadium befinden. Im vorliegenden Beispiel würden bei der Vorauslese dann alle unter 19 FB% fallenden Pflanzen ausgemerzt, während bei allen Nesselstengeln mit über 19 FB% zwecks endgültiger Hauptauslese der Pflanzen ihr Fasergehalt mit der oben beschriebenen Methode Bredemann chemisch genau ermittelt würde. Bei Überprüfung der mikroskopischen Auslesemethode an unserem umfangreichen Zuchtmaterial ergab sich im großen ganzen recht gute Übereinstimmung zwischen dem nach ihr und der Methode Bredemann ermittelten Fasergehalt, aber nur bei ausgewachsenen schnittreifen Stengeln. An jungen Sämlingen und noch nicht schnittreifen Schößlingen gibt die mikroskopische Auslesemethode zu unsichere Ergebnisse und läßt sich daher an ihnen praktisch leider nicht anwenden. An schnittreifen Stengeln ausgeführt, hält Z. ILLIES sie aber zur Vorauslese für genügend sicher und geeignet. Und da die mikroskopische Untersuchung einer Pflanze oder eines Stammes in etwa 15 Minuten durchzuführen ist, würde sie eine wesentliche Verkürzung der Auslese bedeuten, aber wohlgemerkt nur für die Vorauslese.

Wir haben mit dieser Methode noch keine Erfahrungen sammeln können, weil wir inzwischen die Züchtungsarbeiten eingestellt hatten.

Vegetative Vermehrung der selektionierten Kreuzungssämlinge durch Stecklinge

Erster Pflanzmuttergarten — Erster Sortenversuch

Hat man unter den vielen Kreuzungsnachkommen eine oder verschiedene „gute" Pflanzen gefunden, welche besonders hohen Fasergehalt aufweisen und sich auch durch erstrebenswerte sonstige Eigenschaften auszuzeichnen scheinen, so schreitet man zu ihrer Vermehrung. Bei den ♂ kann sie nur auf vegetativem Wege erfolgen, aber auch bei den ♀ muß man vegetativ vermehren, weil bei Vermehrung durch Samen Aufspaltung erfolgen würde. Man vermehrt am besten durch Stecklinge, nicht durch Wurzel- bzw. Rhizomabstiche. Stecklingsvermehrung geht verhältnismäßig rasch, nachdem wir gefunden hatten, daß Stecklinge sich nicht nur von den Stengelspitzen (Kopfstecklinge) machen lassen, sondern ebensogut aus beliebigen Stengelabschnitten (s. S. 30). Vermehrung durch Wurzel- bzw. Rhizomabstiche dauert länger, weil sich aus einer Mutterpflanze im Frühjahr des zweiten Jahres nicht viel mehr als 6—10 Pflanzstücke gewinnen lassen, ohne sie stark zu schwächen; Stengelabschnitte dagegen liefern ein Vielfaches davon an Vermehrungsmaterial. Um Schwächung der Mutterpflanzen nach Möglichkeit zu vermeiden, schneidet man zur Herstellung der Stecklinge nicht die ganze Kreuzungspflanze kahl, sondern läßt einige Stengel stehen, die dann im Herbst, nachdem sie schnittreif geworden sind, auch zur Kontrolle des im Vorjahre festgestellten Fasergehalts dienen können. Die beste Zeit zur Entnahme des zur Herstellung der Stecklinge erforderlichen Pflanzenmaterials ist etwa Mitte Mai bis Mitte Juni, je nach Entwicklung der Kreuzungspflanzen, die wiederum einerseits vom Wetter, anderseits von der betreffenden Sorte abhängt. Die Heranzucht der Stecklinge geschieht, wie S. 32 eingehend beschrieben. Wenn man aufpaßt und nicht besondere Störungen eintreten, kann man etwa 6 Wochen nach dem Stecken abgehärtete verpflanzungsfähige Stecklinge haben, ausreichend, um von jeder der ausgelesenen Sorten ein etwa 5 m langes Beet in Doppel- oder Dreierreihen, Abstand 125 × 50 cm, bepflanzen zu können, wobei es sich empfiehlt, eine Anzahl dieser Stecklinge — oder jetzt sind es eigentlich „Pflänzlinge" (s. S. 30) geworden — zum eventuellen Nachpflanzen von Fehlstellen auf dem Beet einzuschlagen. Man muß hierbei scharf darauf achten, daß sich kein Pflänzling einer anderen Sorte einschmuggelt, sondern daß absolute Sortenreinheit erhalten bleibt. Sie ist unbedingte Voraussetzung für die

Weiterarbeit. Diese „Ersten Pflanzmuttergärten“ müssen natürlich auf besonders geeignetem Boden angelegt und besonders sorgfältig gedüngt und gepflegt werden.

Die jungen Pflänzlinge sind gegen Hitze und starke Sonnenbestrahlung nach dem Verpflanzen empfindlich, und da ihre Auspflanzung in den Hochsommer fällt, ist nach Wetterlage gut zu gießen und eventuell vorübergehend zu schattieren mit belaubten Zweigen, Strohmatten, oder wie wir das bei besonders starker Sonneneinstrahlung auch machten, durch Überspannen mit sogen. „Nesseltuch“, s. Abb. 11. Die Beete in Halbschatten anzulegen scheitert meist daran,

Abb. 11. Schattieren der Vermehrungsbeete durch Überspannen mit sog. Nesselstoff. Vorübergehender Schutz der frisch aufgepflanzten bewurzelten Stecklinge

daß kein geeigneter Platz dafür zur Verfügung ist, empfiehlt sich aber auch gar nicht, ganz im Gegensatz zu O. Richter 1916 [175/83], aber in Übereinstimmung mit R. Schwede 1920 [210/11], weil die im vollen Tageslicht heranwachsenden Pflanzen wesentlich stärker werden als Schatten- bzw. Halbschattenpflanzen, die meist zwar recht lange Internodien, aber nur dünne Stengel entwickeln und sich auch lange nicht so stark bestocken, vgl. auch S. 34

Um die Pflanzen in diesem „Ersten Pflanzmuttergarten“ zu stärkerer Bestockung anzuregen, tut man gut, die Stengel, wenn sie etwa 50—60 cm lang geworden sind, zu stutzen. Gleichzeitig ergänzt man vorhandene Fehlstellen durch Nachpflanzen mit den im Einschlag befindlichen Reservepflanzen. Das beim Stutzen der Pflanzen anfallende Material kann zur Herstellung einer zweiten Serie von Stecklingen verwendet werden.

Weitere Eingriffe werden nicht vorgenommen. Man läßt die Pflanzen ohne weitere Vorsichtsmaßnahmen überwintern, wobei sie gleichzeitg einer ersten Winterfestigkeitsprobe unterworfen werden. Die absterbenden längeren oder kürzeren Stengel stellen einen gewissen Kälteschutz dar, und die kurzen Stengel halten bei starken Winden den Schnee fest. Befürchtet man aber, daß bestimmte besonders aussichtsreiche Sorten vielleicht noch nicht richtig angewurzelt seien und erfrieren könnten, so bedeckt man sie mit einer dünnen Strohschicht.

Im Frühjahr darauf werden die über Winter abgestorbenen Stengel abgeschnitten oder niedergewalzt und abgeharkt. Jetzt hat man außer dem „Ersten Pflanzmuttergarten" gleichzeitig einen „Ersten Sortenversuch", an dem man mit allen erforderlichen Beobachtungen und Bonitierungen sofort beginnen kann. Nur die Resultate der Faserbestimmungen des ersten Jahres sind oft, wenn die Pflanzen sich noch nicht voll entwickelt haben, noch nicht maßgebend, sondern müssen auch im zweiten und in den folgenden Jahren fortgesetzt werden (s. S. 16). Als Ersatz oder Parallele hat man aber noch die Kreuzungspflanze, aus der die Stecklinge geschnitten waren, für die Faserbestimmung zur Verfügung. Alles, was in diesem „Ersten Sortenversuch" irgendwelche Mängel erkennen läßt, werfe man rücksichtslos hinaus, es hat keinen Zweck es mitzuschleppen, es sei denn eine besonders faserreiche, aber sonst mit gewissen Mängeln behaftete Sorte für eventuelle spätere weitere Kreuzungszwecke.

Großvermehrung

Herstellen von Stecklingen, Pflänzlingen, verschulten Jungpflanzen und Sämlingen

Erklärung dieser Termini technici

Glaubt man im Laufe der nächsten 2—3 Jahre in dem oben beschriebenen „Ersten Sortenversuch" die eine oder andere besonders gute Sorte gefunden zu haben, so kann deren Großvermehrung beginnen. Dafür ist zunächst Anlage eines genügend großen Pflanzmuttergartens erforderlich. Die Pflanzen der „Ersten-Sortenversuchs"-Beete liefern das erste Material dafür, das sich dann ja aus sich selber heraus ergänzt, so daß die Schaffung genügenden Pflanzenmaterials für einen z. B. $^1/_2$ ha großen Pflanzmuttergarten, der bei einer Pflanzweite von 150×60 cm rd. 6000 Pflänzlinge, bei 125×40 cm rd. 10000 benötigt (s. S. 61), nicht besonders schwierig ist. Die Größe eines solchen Pflanzmuttergartens richtet sich natürlich nach der Menge der alljährlich herzustellenden Stecklinge. Ein solcher Pflanzmuttergarten muß, zumal er ständig geschnitten werden soll, ebenfalls auf besonders geeignetem Boden angelegt und sorgfältig gepflegt werden, wobei der Boden zwischen den Reihen, der bei dem wiederholten Schneiden leicht festgetreten wird, häufig zu lockern und mit besonderer Aufmerksamkeit darauf zu achten ist, daß sich keine fremden Nesseln einschleichen und aus ausfallenden Samen keine Sämlinge aufkommen. In dieser Beziehung wären natürlich männliche Nesselsorten vorzuziehen, vgl. aber S. 16.

Jetzt kann die Großvermehrung beginnen, wie wir sie in Nachstehendem darstellen und wie sie während des zweiten Weltkrieges Millionen von Pflänzlingen geliefert hat.

Abb. 12. Im Pflanzmuttergarten findet der erste Schnitt von Pflanzenmaterial für die Stecklingsvermehrung statt. Man schneidet zunächst nur die eine Seite der Reihen, um die Pflanzen möglichst zu schonen. — Aufnahme 15. Mai

Abb. 13. Die Seite des ersten Stecklingsschnittes ist rasch wieder nachgewachsen; jetzt ist die zweite Seite der Reihen geschnitten worden, nicht ganz so tief wie die erste, weil die untersten Internodien der inzwischen herangewachsenen Stengel für Stecklingsvermehrung schon reichlich verholzt sind. — Aufnahme 11. Juni

Zur Vermeidung von Mißverständnissen haben wir bei ihr folgende Termini technici gewählt:

Sämlinge: Aus Samen im Frühbeet oder im Gewächshaus (selten auch im Freiland) herangezogene Pflanzen, ein- oder zweimal pikiert, oder auch nicht pikiert; s. S. 13.

Pflänzlinge: Mittels Stecklinge vegetativ vermehrt, nicht verschult, aber längere Zeit im Stecklingsbeet belassen, nicht überwintert (oder ausnahmsweise), s. S. 26 u. 32.

Jungpflanzen: Mittels Stecklinge vegetativ vermehrt, einmal ins Freiland verschult und dort überwintert, s. S. 35.

Das zur Herstellung der Stecklinge erforderliche Stengelmaterial wird im Pflanzmuttergarten geschnitten, und zwar zur Schonung der Pflanzen wiederum zunächst nur an der einen Seite der Pflanzen bzw. Reihen, wie Abb. 12 das zeigt. In Abb. 13 sieht man, daß die geschnittene Seite in wenigen Wochen wieder nachgewachsen ist und man soeben mit dem Schnitt der anderen bislang unberührt gelassenen Seite begonnen hat.

Das geschnittene Stengelmaterial wird in großen Weidenkörben (Abb. 12) locker, nicht gepackt, transportiert und möglichst frisch zu Stecklingen verarbeitet. Ist das nicht sofort möglich, so bewahrt man es in kühlen Kellerräumen auf, aber stets so kurzfristig, wie es irgend angeht. Jedenfalls organisiere man so, daß nicht mehr Stengelmaterial im Pflanzmuttergarten geschnitten wird, als laufend zu Stecklingen verarbeitet werden kann.

Für die Stecklingsvermehrung eignen sich am besten junge wüchsige Triebe, die aber weder zu klein und weich noch schon zu hart (verholzt) sind. Man kann sowohl Stengelspitzen — Kopfstecklinge — als auch Stengelteile — Mittelstecklinge — verwenden, aus einem Stengel also eine ganze Anzahl von Stecklingen schneiden. Die Kopfstecklinge schneidet man etwas unter dem dritten Blattring (Abb. 14 oben), die Mittelstecklinge in Länge von zwei Blattringen (Abb. 14 Mitte). Der Schnitt wird mit sehr scharfem Messer in einem Zug kurz unter dem Blattring ziemlich waagerecht geführt, ohne den Blattring zu verletzen und ohne die Stecklinge zu drücken oder gar zu quetschen, oder die Rinde in der Längsrichtung aufzureißen. Dabei werden gleichzeitig die unteren Blätter ganz abgeschnitten, wiederum mit der Vorsicht, daß die Augen geschont werden. Das übrige Blattwerk wird nach Bedarf gestutzt. Diese Arbeiten nehme man in kühlen, schattigen Räumen vor.

Im Gegensatz zu dem im Pflanzmuttergarten geschnittenen Stengelmaterial, das so rasch wie möglich zu Stecklingen verarbeitet werden soll, können fertig geschnittene Stecklinge vor dem Stecken ohne Schaden 1—2 Tage in lockerer Schicht und mit feuchtem Papier bedeckt an schattigen, kühlen Orten aufbewahrt werden.

Inzwischen sind die Frühbeete hergerichtet worden (Abb. 15 und 16). Gut bewährt hat sich leichte, humusreiche, nahrhafte Erde. Vor dem Beschicken eines Kastens mit neuen Stecklingen ist nach dem Herausnehmen der alten Stecklinge der Boden wieder gut aufzulockern und mit neuer nährstoffreicher

Abb. 14. Vermehrung der Fasernesseln durch Stecklinge

Oben: Kopfstecklinge, Stengelspitzen, kurz unter dem dritten Blattring geschnitten

Mitte: Mittelstecklinge, aus dem Stengel in Länge von zwei Blattringen geschnitten. — An den unteren Blattringen die Blätter entfernen ohne die Achselknospen zu verletzen; an den oberen Blattringen werden die Blätter nach Bedarf gestutzt

Unten: Gute Bewurzelung ist eingetreten, und die Achselknospen haben gut durchgetrieben; die Stecklinge können nun abgehärtet und dann verschult werden. — s. Text

Abb. 15. Anlage der Frühbeetkästen zur Stecklingsvermehrung. Die Kästen sind mit leichter, humusreicher, nahrhafter Erde gefüllt, auf die vor dem Auspflanzen noch eine etwa 1 cm hohe Sandschicht kommt. — Frühbeetfenster werden herangefahren; im Hintergrund links wird ein Brunnen gebohrt, um neben dem vorhandenen Leitungswasser stets ausreichend Wasser zum Gießen zu haben

Abb. 16. Ein großer Satz Fasernesselstecklinge wird sorgfältig gelüftet und schattiert. Links im Hintergrund eine der hohen Windschutzhecken aus Thuja, welche die Anlage durchziehen

Erde zu versehen. Man bedeckt sie mit einer etwa 1 cm hohen Sandschicht, die vor dem Stecken gut festgeklopft bzw. festgedrückt wird. Ein Versuch, die obere Sandschicht zuvor zur Hälfte mit Torfmull zu vermischen, hatte keine bessere Bewurzelung zur Folge, dagegen trat hier raschere Verunkrautung ein.

Jetzt beginnt das Stecken der Stecklinge in mittels Zapfenlatten vormarkierte Löcher, Reihenabstand etwa 6 cm, in der Reihe 4 cm (Abb. 17). Die Stecklinge sollen nicht zu tief gesteckt werden, jedoch so, daß sie beim Angießen nicht umfallen. Sie dürfen beim Stecken auch nicht gedrückt oder gequetscht werden; besonders die weichen Kopfstecklinge sind diesbezüglich recht empfindlich.

Abb. 17. Die Nesselstecklinge werden in die vorbereiteten Frühbeete gesteckt — s. Text. Im Hintergrund frisch gesteckte, sorgfältig abschattierte Frühbeetkästen

Nun folgt der schwierigste Teil der Stecklingsheranzucht, das Gießen, Lüften und Schattieren, das nach allen Regeln der gärtnerischen Kunst auszuführen ist. Die Abbildungen 15—26 geben ein anschauliches Bild von einer solchen Großvermehrungsstätte der Firma Gustav Lüdemann, Forstbaumschulen in Halstenbek bei Hamburg, und man erkennt, welche enorme Einrichtungen erforderlich sind, im vorliegenden Falle eine Gesamtfläche von 2400 qm Frühbeetfenster, um alljährlich etwa 1 Million Pflänzlinge bzw. Jungpflanzen, Material für 70—80 ha feldmäßigen Anbau, heranzuziehen. Ausfälle, wie sie Abb. 19 zeigt, wo ganze Sätze durch Häufung und Zusammentreffen unglücklicher Umstände, falsches Gießen, falsche Belüftung, falsches Schattieren, zu starke Hitze, menschliches Versagen, restlos absterben, können naturgemäß ganze Kalkulationen über den Haufen werfen, nicht nur für den Vermehrer, sondern auch für den Anbauer, der nicht beliefert werden kann. Aber auch trotz sorgfältiger Pflege der Stecklinge zeigen sich in den Frühbeetkästen nicht selten

Abb. 18. Großvermehrung der Fasernesseln durch Stecklinge. Die Nesselstecklinge in den vorderen Kästen sind gut bewurzelt und haben gut durchgetrieben. Jetzt werden sie in den Kästen abgehärtet. Im Hintergrund jüngere schattierte Sätze sichtbar. Dahinter wieder eine der Windschutzhecken

Abb. 19. Durch verschiedene Mißgeschicke ist ein ganzer noch nicht bewurzelter Satz verunglückt. Alle Stecklinge sind tot — s. Text

kahle Stellen und Lücken mit verfaulten oder verwelkten Stecklingen, fast immer auf Schädlingsfraß zurückzuführen, Engerlinge, Erdraupen und Drahtwürmer, die in den Frühbeetkästen nicht leicht zu bekämpfen sind, es sei denn durch Erddämpfung vor Beschicken der Kästen. Bemerkenswert ist, daß der Fraß der Engerlinge oft erst nach 3—4 Wochen einsetzte, nachdem die Stecklinge schon gut belaubt und kräftig entwickelt waren, dann aber plötzlich zu welken begannen, weil die Engerlinge die Wurzeln anfraßen. Sonst aber sieht man durchweg gut bewachsene Frühbeetkästen (Abb. 18 u. 20).

Die Bewurzelung beginnt meistens nach 10—14 Tagen; nach etwa 3 Wochen kann man mit dem Abhärten beginnen und nach 4—6 Wochen kann man verschulen. Zu erwähnen wäre noch, daß es Sorten gibt, die sich besonders leicht und rasch und solche, die sich nur langsam und schwer bewurzeln. Am besten gedeiht immer der sogenannte „Erste Satz", d. h. die Stecklinge, die von Anfang Mai bis spätestens Mitte Juni geschnitten, von etwa Mitte Juli ab ins Freiland überpflanzt werden können. Wir haben auch versucht, ob man vielleicht durch Behandlung der Stecklinge mit organbildenden Substanzen, Auxin, Heteroauxin, Indolylbuttersäure, Naphthalinessigsäure u. dgl. oder durch mehrstündiges Einsetzen der frisch geschnittenen Stecklinge in 0,1%ige KNO_3-Lösung raschere und bessere Bewurzelung erzielen würde, jedoch standen geringe Erfolge in keinem Verhältnis zur erforderlichen Mehrarbeit.

Beim Verpflanzen der bewurzelten Stecklinge ins Freiland ist zu unterscheiden, ob die Nesselfelder an der Vermehrungsstelle selbst bzw. in der Nähe angelegt werden sollen, die Pflänzlinge also nur einen kurzen Transportweg zurückzulegen haben, oder ob sie auf größere Entfernung verschickt werden müssen. Im erstgenannten Falle wird natürlich kaum eine Stecklingsvermehrungsstelle in genanntem und abgebildetem Ausmaß erforderlich sein und man würde die bewurzelten Stecklinge auch etwas längere Zeit im Frühbeet belassen, damit sie kräftiger werden, bevor man sie auf das zukünftige Nesselfeld verpflanzt. Spät geschnittene Stecklinge läßt man in solchem Falle sogar besser über Winter im Frühbeet, um sie als kräftige, überwinterte Pflänzlinge im nächsten Frühjahr auszupflanzen.

Man kann notfalls auch ohne Frühbeetkästen und -fenster arbeiten und die Stecklinge auf Freilandbeeten heranziehen, wie wir das bereits S. 26 gesehen haben, muß dabei aber mit stärkerem Ausfall rechnen. Interessanterweise beobachteten wir bei Pflänzlingen, die im Halbschatten herangezogen waren, besonders starken Käferfraß an den Blättern (s. S. 63), der die Weiterentwicklung der Pflanzen erheblich hemmte. Damit die Pflanzen auf solchen Freilandbeeten möglichst kräftig in den Winter kommen, stecke man sie nicht später als bis Mitte Juli ins Freiland.

Eine Person kann in der Stunde 250—300 Stecklinge schneiden, je nach Güte des Materials. Das von vier Personen verarbeitete Material kann von einer Person gesteckt werden. In einem Frühbeetfenster 100 × 200 cm (sog. Holsteiner Format) wurden durchschnittlich 33 Reihen mit je 25 Stecklingen = insgesamt rd. 800 Stecklinge je Fenster gesteckt, im Freiland auf 15 qm 1000 bis 1200 Stecklinge.

Auf weitere oder gar weite Entfernungen, wie es für die in ganz Deutschland und Österreich verstreuten Anbaustellen während des zweiten Weltkrieges alljährlich nötig war, lassen sich solche im Frühbeet oder auch im Freiland herangezogene Pflänzlinge nicht verschicken. Dazu eignen sich nur sogenannte Jungpflanzen. Das sind vegetativ vermehrte Stecklinge, die nach der Bewurzelung einmal ins Freiland verschult wurden und dort überwinterten. Zu ihrer Herstellung läßt man die bewurzelten Stecklinge in den Frühbeetkästen zunächst ausreichend abhärten und nimmt sie dann aus den Kästen heraus. Das muß sorgfältig geschehen, weil die feinen Wurzeln leicht abreißen. Man lockere daher die Pflanzen mit der Hand oder mit einer Pflanzkelle (Abb. 20);

Abb. 20. Die Stecklinge sind gut bewurzelt und abgehärtet und werden, nunmehr Pflänzlinge benannt, sorgfältig, ohne die zarten Wurzeln zu verletzen, aus den Frühbeeten genommen

auf keinen Fall dürfen sie herausgerissen werden, dabei gehen die Wurzeln zu 80% verloren, besonders bei noch schwächeren Pflanzen. Bei Pflanzen mit bereits langen Trieben ist Stutzen vorteilhaft. Man wähle zum Verpflanzen trübe Tage, möglichst mit Aussicht auf Regen und warte besser einige Zeit, bis solche Gelegenheit eintritt. Die herausgenommenen bewurzelten Stecklinge werden ohne Verzug auf das Verschulungsfeld — ein gut hergerichteter Schlag mit geeignetem nährstoffreichen Boden — gebracht und dort in vorbereitete Rillen, Abstand 30—40 cm und in den Reihen 10—20 cm, eingehängt (Abb. 21), worauf man die Rille zuerst mit Hand, dann mit Fuß zu- und festtritt. Gut begossen bzw. besprengt, wachsen die Pflanzen solcherart durchweg ausgezeichnet an und entwickeln sich bald zu dichten Beständen. Abb. 22 zeigt das, und man erkennt in ihr auch die zu verschiedenen Zeiten aufgepflanzten Streifen: Links die jüngsten etwa 14 Tage alten, in der Mitte einen etwa 4 Wochen älteren

Bestand, in dem 4 Reihen gerade mit langgestielter gebogener Baumschere geköpft sind, um die Pflanzen zur besseren buschigen Entwicklung anzuregen (wobei die anfallenden Abschnitte ein ausgezeichnetes Material für Stecklingsvermehrung geben) und ganz rechts im Bilde eine noch ältere schon zweimal

Abb. 21. Verschulen der Pflänzlinge (s. Abb. 20). Einstecken in vorbereitete Rillen

geköpfte Aufpflanzung, die man nun zur Überwinterung beliebig wachsen läßt. Da die Pflanzen den Boden bald beschatten, erübrigt sich meist besondere Unkrautbekämpfung. Abdecken der Pflanzen auf dem Verschulungsfeld über Winter ist nicht nötig. Sie gehen, wenn wie beschrieben verfahren, als kräftige buschige Pflanzen mit starken Wurzeln in den Winter.

Im Frühjahr, im April, treiben die Pflanzen stark und kräftig durch und sollten nun zum Versand baldmöglichst aus dem Boden genommen werden. Das geschieht mittels Grabforken, wobei man gleichzeitg möglichst viel Erde abschüttelt, oder rascher durch Auspflügen. Zu große Jungpflanzen sind unerwünscht, sie würden auch zu viel Raum beim Transport einnehmen. Abb. 23 zeigt eine Arbeitskolonne beim Sortieren, Herrichten und Abzählen der mittels Grabforken aus dem Boden genommenen Pflanzen (links im Bilde). Sie werden in Weidenkörbe gepackt, liegend, Wurzeln nach innen, mit angefeuchtetem Torfmull, Heidekraut oder mit Holzwolle und dergleichen bedeckt (Abb. 24) und mit Jutegewebe überbunden. Damit man unterwegs nicht auf den Gedanken kommt, die Körbe beim Transport übereinanderzustellen, wodurch die Pflanzen durch Druck und Erwärmung stark leiden würden, haben wir (Abb. 25) die Körbe oben noch mit zwei kreuzweise übereinandergebundenen starken Weidenruten zu schützen versucht, freilich nicht immer mit Erfolg. Später haben wir gebrauchte Fischkästen (Abb. 26) zum Versand benutzt, unten mit angefeuchtetem Torfmull oder dergleichen ausgelegt, darauf stehend die Jungpflanzen, und die Kisten mit drei breiten Latten übernagelt. In diesen Verpackungen überstehen die Jungpflanzen lange Transportwege. Man muß jetzt nur noch dafür sorgen, daß am Ankunftsort die Körbe bzw. Kisten nicht lange in der Sonne herumstehen, sondern daß die Jungpflanzen ohne Verzug auf das vorbereitete Nesselfeld ausgepflanzt, oder, wenn das nicht gleich möglich ist, zumindest im Schatten sorgfältig eingeschlagen und feucht (nicht naß!) gehalten werden.

Vermehrung durch Samen einer noch zu schaffenden Urtica dioica sativa

Man wird mit Recht einwenden, daß, solange die Anlage von Nesselfeldern durch Jungpflanzen und die Heranzucht dieser auf vegetativem Wege erfolgen müsse, normalerweise niemals ein Großanbau der Nessel zur Fasergewinnung praktisch in Frage kommen und sich durchsetzen könne, trotz des erreichten hohen Fasergehalts und trotz aller fortgeschrittenen Erkenntnisse über die Ansprüche und Behandlung der Pflanzen, es sei denn unter bestimmten Umständen und aus besonderen Gründen, wie sie beispielsweise im zweiten Weltkrieg hier gegeben waren. An sich ist die vegetative Vermehrung, nachdem nunmehr alle Vorbedingungen für eine solche erforscht sind, gar nicht so schwierig. Aber man muß bedenken, daß zur Aufpflanzung eines Hektars Nesselfeld etwa 10000—17000 Jungpflanzen erforderlich sind (s. S. 61), was die Anlage enorm verteuert, selbst wenn der Anbauer sächlich und personell Möglichkeiten hätte, die Pflänzlinge selbst heranzuziehen.

Viel einfacher wäre natürlich Drillkultur, mit der wir schon 1919 in Friesack/Mark auf etwa 45 ha Niederungsmoor im Gegensatz zu anderen Versuchsanstellern [94, 102, 229] recht aussichtsreiche Erfahrungen gesammelt hatten, s. S. 83, damals mit Samen von Wildnesseln, die einen Aufwuchs mit etwa 5% Faserausbeute ergaben. Unsere Bemühungen gingen nun auch dahin, „samenechte“ Saat faserreicher und den sonstigen Ansprüchen genügender Nesseln zu schaffen, d. h. durch Kreuzung faserreicher ♀ mit faserreichen ♂, oder durch Selbstbestäubung faserreicher ⚥ (s. S. 11) Saatgut zu gewinnen, das einen Aufwuchs mit durchschnittlich hohem Fasergehalt ergibt. Es war vorauszusehen, daß ein solcher Aufwuchs nicht aus einheitlichen Pflanzen bestehen

Abb. 22. Verschulungsfeld. Links: jüngster Bestand, vor etwa 14 Tagen aufgepflanzte Pflänzlinge (vgl. Abb. 20 u. 21); Mitte: etwa 4 Wochen älterer Bestand, von dem 4 Reihen kürzlich geköpft sind, um möglichst buschigen Wuchs der Jungpflanzen zu erzielen; ganz rechts: ältester Bestand; s. Text

Abb. 23. Die im nächsten Frühjahr gut durchgetriebenen Jungpflanzen werden aus dem Verschulungsfeld mit Grabforken herausgenommen (oder auch herausgepflügt) und zum Versand hergerichtet; s. Text

Abb. 24. Weidenkörbe, mit Jungpflanzen fertig zum Versand beschickt; s. Text

Abb. 25. Die fertig zum Versand mit Jungpflanzen beschickten Weidenkörbe werden mit Jutegewebe übernäht und durch kreuzweise übereinander gebundene Weidenruten geschützt; s. Text

würde, weder einheitlich in Wuchsform, Geschlecht und sonstigen Eigenschaften, noch im Fasergehalt, wie wir das S. 9 bereits gesehen hatten. Voraussetzung war zuvor überhaupt Schaffung faserreicher Eltern. Nachdem das gelungen war (S. 19), wurde eine Anzahl besonders aussichtsreicher ♀ und ♂ miteinander gekreuzt bzw. wurden einige besonders gute ⚥ geselbstet. Die geernteten Samen wurden im Frühbeet ausgesät, die aufgelaufenen Pflänzchen pikiert, abgehärtet und sämtliche Jungpflanzen auf dem Versuchsfelde in Reihen ausgepflanzt, jede der Kreuzungen natürlich für sich getrennt, Abstand der Reihen 100 cm und in den Reihen 50 cm, also ziemlich eng, aber doch weit genug, um von jeder Pflanze gesondert Stengel zur Faserbestimmung ernten zu können. Das geschah im zweiten Jahre. Die Reihen boten, wie zu erwarten, ein buntes Bild der ver-

Abb. 26. Gebrauchte Fischkästen mit Nessel-Jungpflanzen fertig zum Versand beschickt

schiedenartigsten Nesseltypen, auf die aber bei der Probenahme der Stengel keine Rücksicht genommen wurde. Wozu bemerkt sei, daß Rückschläge in minderwertige Wuchsformen nicht gerade häufig waren.

In Tabelle 1 sind die Ergebnisse von fünf solchen Kreuzungen zusammengestellt. Sie zeigen zunächst, daß die Transgressionen mehr negativer als positiver Art sind: Der Fasergehalt der Einzelpflanzen des Aufwuchses war bei 59—85,5 (Mittel 75,5)% der Pflanzen geringer als der Fasergehalt der Mütter, bei 9,2—24 (Mittel 15,7)% der Pflanzen ebenso hoch und bei 3,3—17 (Mittel 8,8)% höher. Folge ist, daß der durchschnittliche Fasergehalt des Aufwuchses den hohen Fasergehalt der Mütter in keinem Fall erreichte, wie das auch nicht zu erwarten gewesen war. Aber man sieht, daß bei den verschiedenen Kombinationen Unterschiede bestehen: Kreuzung A × B wies ein höheres Gesamtmittel an Faserprozenten auf (11,41%) als A × A bzw. B × B (10,54 bzw. 10,59%), dadurch hervorgerufen, daß bei A × B 16% der Pflanzen gegenüber 4% bei A × A einen höheren Fasergehalt erreichte als ihn die Mutter aufwies, beide aber einen solchen bis zu 15—16% [22].

Tabelle 1

Kreuzungskombination. Fasergehalt d. Eltern %	A × A 12,3 × 12,3	B × B 11,4 × 11,4	A × B 12,3 × 11,4	A × C 12,3 × 10,2	A × D 12,3 × 9,2
Anzahl der untersuchten Pflanzen der Kombination	436	208	119	119	306
Von 100 untersuchten Pflanzen des Aufwuchses hatten einen Fasergehalt von					
4— 4,9%	0,2	—	—	—	—
5— 5,9%	0,2	2,5	—	—	0,3
6— 6,9%	0,5	0,5	—	0,8	1,6
7— 7,9%	1,4	2,5	1,7	1,7	2,3
8— 8,9%	9,0	8,5	8,4	11,8	8,5
9— 9,9%	25,2	17,0	7,6	19,3	21,2
10—10,9%	27,5	28,0	21,9	29,4	27,5
11—11,9%	21,5	24,0	21,0	24,4	23,5
12—12,9%	10,3	12,0	23,5	9,2	11,8
13—13,9%	3,5	3,0	12,6	1,7	2,6
14—14,9%	0,5	2,0	2,5	1,7	0,7
15—15,9%	0,2	—	0,8	—	—
Mittlerer Fasergehalt aller untersuchten Pflanzen %	10,54	10,59	11,41	10,30	10,54
Der mittlere Fasergehalt aller untersuchten Pflanzen einer Kombination ist in % der Fälle gleich dem der Mutter	10,3	24,0	23,5	9,2	11,8
< als der der Mutter	85,5	59,0	60,6	87,4	84,9
> als der der Mutter	4,2	17,0	15,9	3,4	3,3

Dieser Befund läßt es, wenn es darauf ankäme, als durchaus aussichtsreich erscheinen, daß sich unter den jetzt vorhandenen zahlreichen faserreichsten Sorten Kombinationen würden finden lassen, die Saatgut hervorbringen, dessen Aufwuchs im Gesamtmittel eine Faserausbeute gibt, die dem Fasergehalt der Mutter und des Vaters kaum nachsteht. Ihn ganz erreichen oder gar übertreffen werden sie allerdings nur dann, wenn der kaum zu erwartende Fall eintritt, daß die positiven Transgressionen so groß sind, daß sie die negativen übertreffen.

III. NÄHRSTOFFAUFNAHME UND NÄHRSTOFFBEDARF DER NESSEL

Die in den vier Versuchsjahren 1933, 1936 und 1938/39 auf fünf Anbaustellen mit verschiedenem Mineralboden und Niederungsmoor und mit 18 verschiedenen Sorten bzw. Stämmen unserer „Zuchtfasernesseln“ von G. BREDEMANN [33/34] in großem Umfange durchgeführten Untersuchungen über ihre Nährstoffaufnahme und ihren Nährstoffbedarf dürften die Frage völlig geklärt haben.

Die Ergebnisse der chemischen Untersuchungen auf N, Asche, K_2O, CaO, MgO, P_2O_5, SO_3, SiO_2 und Cl stimmen an sich recht gut mit den früher an Wildnesseln selbst gefundenen [25] und den für sie im älteren Schrifttum angegebenen [23, 24, 33, 118] überein. Die Zuchtfasernesseln zeigen also grundsätzlich keine andere chemische Zusammensetzung wie die Wildnesseln, was auch kaum anzunehmen war. Jedoch ist die absolute Nährstoffaufnahme und damit der Nährstoffbedarf der Zuchtfasernessel naturgemäß größer, entsprechend ihren viel höheren Erträgen.

Sortenmäßig ergaben sich gewisse Unterschiede im Nährstoffgehalt. Sie traten in den verschiedenen Jahren aber nicht gleichsinnig auf, wobei jedoch zu berücksichtigen ist, daß die verschiedenen Sorten auf die Witterung verschieden reagieren.

Auch in den verschiedenen Stufen der Entwicklung der Pflanzen ist der Nährstoffgehalt verschieden, besonders bei den Stengeln, weniger bei den Blättern. Bei den oberirdischen Teilen der Nesseln, Stengeln + Blättern + Blüten- und Fruchtständen, liegt die Hauptaufnahme der Nährstoffe und damit also auch der höchste Nährstoffbedarf vorwiegend in der Zeit der beginnenden Blüte bis Ende der Vollblüte, das ist im Hamburger Klima um Mitte bis Ende Juni. Um diese Zeit hat der Pflanzenkörper den höchsten Gehalt an Nährstoffen. Mit zunehmendem Alter verringert er sich wieder; der Zuwachs an Pflanzenmasse in den 8—10 Wochen von etwa Mitte Juni bis Ende August erfolgt rascher als die Nährstoffaufnahme. Daneben könnte aus den reifenden Stengeln auch Einlagerung von Nährstoffen in die unterirdischen Rhizome sowie Rückkehr in den Boden erfolgen, wenngleich hier nicht eine Rückwanderung als normale physiologische Tätigkeit vorzuliegen scheint, oder, da die Verarmung bei den verschiedenen Nährstoffen, auf verschiedenen Böden und in verschiedenen Jahren sich als recht verschieden erwies, jedenfalls nur eine sehr umweltbedingte. Auch mechanische Auswaschung aus den absterbenden Stengeln durch Regen, Tau und Nebel wäre in beschränktem Maße möglich.

Im Stadium der Schnittreife, also um Mitte bis Ende August, waren die Maximum- und Minimumwerte, wie sie sich aus 1170 Analysen von allen Pflanzen auf Mineralböden und Niederungsmoor ergaben, wie in Tabelle 2 dargestellt; die Mittelwerte dagegen beziehen sich auf die Pflanzen von Niederungsmoor, auf welchem ein eventueller Anbau von Fasernesseln praktisch am ehesten in Frage kommen würde. Alle Werte in % der sandfreien Trockensubstanz:

Tabelle 2

	N	Asche	K_2O	CaO	MgO	P_2O_5	SO_3	SiO_2	Cl
Stengel									
Minim.	0,43	4,47	0,77	0,83	0,11	0,31	0,13	0,10	0,26
Maxim.	1,69	8,87	3,77	2,00	0,63	0,98	0,40	0,85	1,27
Mittel	1,45	7,72	1,69	1,56	0,22	0,65	0,29	0,28	1,07
Blätter									
Minim.	3,44	12,03	1,23	1,98	0,37	0,66	0,57	1,02	0,33
Maxim.	5,49	22,47	4,02	9,01	1,16	1,82	1,82	2,49	1,60
Mittel	5,06	19,39	3,13	7,51	0,83	1,56	1,52	1,58	1,15

Bei einem angenommenen Ernteertrag von 50 dz/ha Stengel + Blatt- und Fruchtstandsresten hat die oberirdische Pflanze zur Zeit ihres stärksten Verbrauchs den in Tabelle 3 aus allen Analysenwerten berechneten Nährstoffbedarf [33/34]. Der Nährstoffentzug durch die Stengelernte ist aber geringer. Denn es verbleiben auf dem Felde die bis zur Schnittreife abfallenden Blätter (die um die Hauptwachstumszeit rd. 30% des Gesamtgewichts der Pflanze ausmachen) und nach der Ernte außer den absterbenden Stoppeln und zum Teil auch Wurzeln noch weitere Blätter, je nachdem die Stengel mit weniger oder mehr Blattbesatz zur Ablieferung gelangen, was wiederum vom Wetter, der Sorgfalt der Behandlung usw. abhängt (s. S. 80). Auch durch Rückkehr aus den Stengeln kommen unter Umständen Nährstoffe wieder in den Boden [33/35]. Alle diese in den Erdboden zurückfließenden Nährstoffe müssen in Abzug gebracht werden:

Tabelle 3

	Bedarf der oberirdischen Pflanze z. Z. ihres stärksten Verbrauchs	Rückkehr von Nährstoffen in den Boden mit Blättern, Stoppeln und Wurzeln und aus den Stengeln	Wirklicher Entzug durch die Ernte
N	120—145 kg/ha	45—60 kg/ha	60—100 kg/ha
K_2O	135—165 kg/ha	35—40 kg/ha	100—125 kg/ha
CaO	135—190 kg/ha	60—70 kg/ha	75—120 kg/ha
MgO	25— 30 kg/ha	10 kg/ha	15— 20 kg/ha
P_2O_5	45— 50 kg/ha	10 kg/ha	35— 40 kg/ha

Die zur Zeit des stärksten Verbrauchs benötigten Nährstoffmengen müssen der Fasernessel neben den erforderlichen Wassermengen für ein freudiges Wachstum aber zunächst einmal zur Verfügung stehen, und zwar in leicht aufnehmbarer Form, denn die Hauptaufnahme dieser Nährstoffmengen vollzieht sich in der relativ kurzen Zeit des stärksten Wachstums.

An sich sind die Nährstoffmengen, die dem Boden mit der Ernte der Fasernesseln entzogen werden, im Vergleich zu denen, die andere Kulturpflanzen entziehen, durchaus nicht ungewöhnlich und so groß, wie man das anzunehmen bisweilen geneigt ist. So sind in einer mittleren bzw. hohen Ernte — was den unseren Berechnungen zugrunde gelegten relativ hohen Erträge an Fasernesselstengeln entsprechen würde — bei z. B. nachstehenden Kulturpflanzen nach H. RHEINWALD [33] enthalten kg/ha:

Tabelle 4

	N	K_2O	CaO	P_2O_5
Winterroggen	61—86	74—102	20—46	36—51
Körnermais	128—173	140—187	38—51	48—65
Winterraps	119—168	74—104	110—154	56—79
Tabak	92—126	204—280	121—166	40—55
Kartoffeln	103—139	211—287	130—177	47—63
Nesseln (zum Vergleich)	60—100	100—125	75—120	35—40

Es ist interessant, die Fasernessel in ihrem Nährstoffbedarf mit dem Hanf zu vergleichen, bei dem G. BREDEMANN 1942/45 [33/35] mit 819 Analysen die diesbezüglichen gleichen Untersuchungen angestellt hat. Sie zeigten zunächst, daß die Literaturangaben über den Gehalt der Hanfstengel an N und K_2O viel zu niedrig, an CaO zu hoch und auch die für Hanfsaat zu korrigieren sind, so daß unsere frühere Berechnung zu berichtigen war, nach welcher Fasernesseln und Hanf ähnlichen Nährstoffentzug haben, die Fasernesseln aber einen um das Doppelte höheren Verbrauch an K_2O und auch etwas höheren Verbrauch an P_2O_5. Es ist nach den ermittelten richtigen Vergleichswerten für Hanf vielmehr so, daß Hanf und Nesseln in ihrem Nährstoffbedarf sich ganz außerordentlich ähneln. Der Nährstoffbedarf in der Zeit des stärksten Verbrauchs zum Hervorbringen von je 1000 kg wasserfreier schnittreifer Stengel (ohne Stoppeln und Wurzeln) beträgt [34] für die 5 Kernnährstoffe in kg/ha:

	N	K_2O	CaO	MgO	P_2O_5
Fasernesseln	23,8	26,2	31,2	4,4	8,2
Hanf	25,6	28,0	31,2	5,1	7,6

Für zweckmäßige Düngung würde demnach eine für Hanf bewährte Düngergabe unter gleichen geeigneten Anbauverhältnissen auch für die Fasernessel ausreichen, zumal die Stengelerträge der Fasernesseln hinter denen des Hanfes zurückbleiben. Zu berücksichtigen ist jedoch, daß bei der Fasernessel als ausdauernde Pflanze, welche eine ganze Reihe von Jahren voll ausgenutzt werden soll (s. S. 81), kein Ausgleich durch Fruchtfolge stattfindet. Man muß daher beobachten, ob nach wiederholten Ernten die gewählten Düngergaben zur Erzielung von Höchsterträgen mit maximalem Fasergehalt ausreichen, oder ob es erforderlich und wirtschaftlich zweckmäßig sein wird, sie zu erhöhen bzw. zu verändern. Denn es kommt nicht nur darauf an, der Fasernessel den wirklichen Entzug durch die alljährliche Stengelernte zu ersetzen, sondern ihren weit höheren Bedarf an leicht aufnehmbaren Nährstoffen in der Zeit ihres stärksten Wachstums und Verbrauchs zu befriedigen. Die Nährstoffmengen, die mit den Blättern, Stoppeln und Wurzeln wieder in den Erdboden zurückgelangen, kommen der Pflanze zwar wieder zugute, werden aber nur allmählich und je nach Bodenbeschaffenheit verschieden wieder nutzbar gemacht. Daß mit ihnen auch beachtliche Mengen organischer Substanz in den Boden gelangen — rd. 20 dz/ha organische Trockenmasse, entsprechend der Trockenmasse von 80 dz/ha Stallmist —, die Nessel sich also gleichsam selbst mit einem Teil des ihr unentbehrlichen Humus versorgt, sei nur nebenbei erwähnt. Der Hanf ist an sich ein wesentlich höherer Humuslieferant mit etwa doppelten Mengen [33/35].

Düngungsversuche

Ehe wir zu der auf Grund der Ergebnisse dieser Untersuchungen über den Nährstoffgehalt und den Nährstoffbedarf der Fasernesseln sich ergebenden zweckmäßigen Düngung im einzelnen übergehen (s. S. 59), wollen wir die Ergebnisse unserer vielen Felddüngungsversuche kurz besprechen. Um den Einfluß der Ernährung auf die Stengelerträge und auf den Fasergehalt der Stengel, also auf den Faserertrag von der Flächeneinheit zu erforschen und dabei zu prüfen, ob ein Unterschied in der Wirkung der verschiedenen Düngerformen nachweisbar ist und ob verschiedenzeitliche Düngung, im Herbst oder im Frühjahr gegeben, unterschiedlichen Erfolg hat, haben wir eine große Anzahl von Feld-Großversuchen angestellt [22]. Einige einleitende Düngungsversuche darüber lagen bereits vor, eigene [24, 26, 40, 62, 118] und anderer Forscher, solche in Gefäßen mit Quarzsand, Mineralboden und Niederungsmoor [40, 62, 118, 163, 218] wie auch im Freiland auf Niederungsmoor [24, 26, 118] und Mineralboden [167, 211].

Von unseren zahlreichen neueren Versuchen seien einige ausführlich in den Tabellen 5 und 6 wiedergegeben, um die Art der Ausführung zu demonstrieren und ihre vielseitigen interessanten und wichtigen, z. T. überraschenden Ergebnisse zu zeigen, auf die wir unten zusammenfassend eingehen werden. Wie man sieht, dominiert in diesen Versuchsplänen die Frage nach der Bedeutung der Kaliernährung nach Menge, Art und Verhältnis vom Kali zum Stickstoff, weil wir damals die Nessel noch für einen besonderen Kali- und Stickstoffresser hielten, eine Anschauung, die, wie eben besprochen (s. S. 44), in diesem Sinne nicht aufrecht zu erhalten ist, und weil Kali neben Stickstoff nach den genannten älteren Versuchsergebnissen eine besondere Wichtigkeit zuzukommen schien und weil ferner über die Wirkung des K-Ions auf die Bastfaser bereits eine große Literatur vorliegt, die durchweg dessen günstige Wirkung auf die Faser in quantitativer und qualitativer Beziehung betont.

Einfluß der Ernährung auf Ertrag und Fasergehalt

Die Versuchspläne zu diesen genannten Düngungsversuchen waren folgende:

Versuchsplan zu Ia: Verschiedene Kaliformen (ohne CaO zur Grunddüngung). — Fasernessel 12 = Bredemanns „Hansa" — 1936 gepflanzt, noch nicht geerntet, 1937 erste, 1938 zweite Stengelernte. — Boden: lehmiger Sand auf Sand. — Teilstückgröße 32,4 qm. Vierfache Wiederholung. — Düngung 1936 vor der Aufpflanzung: 400 dz/ha Stalldung, 45 kg/ha P_2O_5 als Rhenaniaphosphat, 100 kg/ha K_2O als Kainit, 30 kg/ha N als Kalkammonsalpeter, 20 dz/ha Kalkmergel. — Düngung für den Versuch 1937 und 1938: Grunddüngung je 50 kg/ha P_2O_5 als Rhenaniaphosphat, 60 kg/ha als Kalkammonsalpeter. — Differenzdüngung 150 kg/ha K_2O in verschiedener Form.

Versuchsplan zu Ib: Genau wie bei Ia, nur erhält Grunddüngung eine zusätzliche CaO-Gabe von 10 dz/ha Kalkmergel.

Versuchsplan zu IIa: Verhältnis von N:K_2O wechselnd; N-Düngung gleichbleibend mit 60 kg/ha, K_2O steigend. — Zuchtfasernessel Stamm 1489. — 1935 gepflanzt, 1936 erste, 1937 zweite, 1938 dritte Stengelernte. — Boden wie bei I. — Teilstückgröße 64,8 qm. Dreifache Wiederholung. — Düngung 1935 wie 1936 bei Ia. 1936: 40 kg/ha P_2O_5 als Rhenaniaphosphat, 150 kg/ha K_2O als Kainit, 60 kg/ha N als Kalkammonsalpeter, 10 dz/ha Kalkmergel. — Düngung für den Versuch 1937 und 1938: Grunddüngung je 40 kg/ha P_2O_5 als Rhenaniaphosphat, 60 kg/ha N als Kalkammonsalpeter, 10 dz/ha Kalkmergel. — Differenzdüngung K_2O steigend in Form von 40% Kalisalz.

Versuchsplan zu IIb: Verhältnis von N:K_2O wechselnd, K_2O-Düngung gleichbleibend, N steigend. — Fasernessel 12 = Bredemanns „Hansa" — 1935 gepflanzt, 1936 erste, 1937 zweite, 1938 dritte Stengelernte. Boden wie bei I, Teilstückgröße 90 qm. — Vierfache Wiederholung. — Düngung 1935 und 1936 wie bei IIa. — Düngung für den Versuch 1937 und 1938: Grunddüngung je 40 kg/ha P_2O_5 als Rhenaniaphosphat, 160 kg/ha K_2O als 40% Kalisalz, 10 dz/ha Kalkmergel. — Differenzdüngung: N steigend in Form von Kalkammonsalpeter.

Versuchsplan zu III: Steigende N- und K_2O-Gaben in gleichbleibendem Verhältnis 1:2,5. — Fasernessel 9 = Bredemanns „Fibra". — 1936 gepflanzt, 1937 erste, 1938 zweite Stengelernte. — Boden wie bei I. — Teilstückgröße 115 qm. Dreifache Wiederholung. — Düngung 1936: wie bei I. — Düngung für den Versuch 1937 und 1938: Grunddüngung je 50 kg/ha P_2O_5 als Rhenaniaphosphat, 10 dz/ha Kalkmergel. — Differenzdüngung: N als Kalkammonsalpeter, K_2O als 40% Kalisalz.

Versuchsplan zu IVa: Vergleich zwischen schwefelsaurem Ammoniak und Natronsalpeter. Zuchtfasernessel Stamm 2370. — 1936 gepflanzt, 1937 erste, 1938 zweite Stengelernte. — Boden wie bei I. — Teilstückgröße 33,75 qm. — Vierfache Wiederholung. — Düngung 1935 und 1936 wie IIa. — Grunddüngung für den Versuch 1937 und 1938: je 40 kg/ha P_2O_5 als Rhenaniaphosphat, 150 kg/ha K_2O in verschiedener Form. 10 dz/ha Kalkmergel, 60 kg/ha N als schwefelsaures Ammoniak.

Versuchsplan zu IVb: genau wie bei IVa, nur Natronsalpeter statt schwefelsaures Ammoniak.

Versuchsplan zu V bis VIII: Vergleich von Herbst- und Frühjahrsdüngung in verschiedenen Formen der Düngemittel. — Boden: lehmiger Sand auf Sand, p_H-Zahl etwa 6,5. — Größe der Teilstücke 60 qm; dreifache Wiederholung. — Ausplanzung Frühjahr 1941, 1941 noch nicht geerntet, 1942 erste, 1943 zweite Stengelernte.

Versuchsplan V: Grunddüngung: Herbst 1940 = 400 dz/ha Stallmist, Frühjahr 1941 (vor der Auspflanzung) 50 kg/ha P_2O_5 als Rhenaniaphosphat und 10 dz/ha Kalkmergel. Differenzdüngung: Verschiedene N-Formen bei einer Gabe von 80 kg/ha N, dazu 100 kg/ha K_2O als 40% Kalisalz,

1. Schwefelsaures Ammoniak,
2. Kalkammonsalpeter,
3. Kalksalpeter,
4. Kalkstickstoff.

Zuchtfasernessel Stamm 11359.

Versuchsplan VI. Grunddüngung wie bei V + 80 kg/ha N als Kalkammonsalpeter. Differenzdüngung: verschiedene Kaliformen bei einer Gabe von 160 kg/ha K_2O,

1. Ohne Kali,
2. Schwefelsaures Kali,
3. 40% Kalisalz,
4. Kalimagnesia (Patentkali),
5. Kainit.

Zuchtfasernessel Stamm 9953.

Versuchsplan VII. Grunddüngung: wie bei V.
Differenzdüngung: verschiedenes Verhältnis von $N:K_2O$

1. $N:K_2O$ = 1:2 = 80 kg/ha N + 160 kg/ha K_2O
2. $N:K_2O$ = 1:1,33 = 120 „ „ 160 „ „
3. $N:K_2O$ = 1:1 = 160 „ „ 160 „ „
4. $N:K_2O$ = 1:1 = 120 „ „ 120 „ „
5. $N:K_2O$ = 1:0,75 = 160 „ „ 120 „ „

N als Kalkammonsalpeter; K_2O als 40% Kalisalz

Zuchtfasernessel Stamm 9851.

Versuchsplan VIII. Grunddüngung wie bei V.
Differenzdüngung: Gleichbleibendes Verhältnis von $N:K_2O$ (1:2), aber steigende Mengen.

1. 40 kg/ha N + 80 kg/ha K_2O,
2. 80 kg/ha N + 160 kg/ha K_2O,
3. 120 kg/ha N + 240 kg/ha K_2O.

N in Form von Kalkammonsalpeter, K_2O als 40% Kalisalz.

Zuchtfasernessel Stamm 14767.

Man erkennt in den Tabellen 5 und 6 deutlich, daß nicht nur der Stengelertrag, sondern auch der Fasergehalt der Stengel durch die Düngermenge und Düngerform und durch den Zeitpunkt der Düngung wesentlich beeinflußt werden. Und zwar ist es fraglos so, daß mit günstiger Wirkung auf den Stengelertrag auch Erhöhung des Fasergehalts der Stengel einhergeht und damit also die Fasererträge von der Flächeneinheit u. U. stark erhöht werden. Man kann auch sagen: Die Höchstgehalte und Höchsterträge an Fasern sind an die besten Lebensbedingungen geknüpft. Das zeigt auch folgender orientierender Feldversuch mit der Zuchtfasernessel Bredemann's „Hansa" auf Mineralboden:

Tabelle 7

	Stengelgewicht (lufttrocken) je 100 Stengel, g	Fasergehalt %
I. ungedüngt (ohne N + K)	815	12,12
II. 40 kg/ha N + 100 kg/ha K_2O	1050	12,81
III. 60 „ „ + 150 „ „	1145	12,81
IV. 80 „ „ + 200 „ „	1235	12,87
V. 100 „ „ + 250 „ „	1335	13,32

Tabelle 5 (Alle Werte bezogen auf Trockensubstanz)

Düngung	1937				1938			
	Stengel		Fasern		Stengel		Fasern	
	Länge cm	Ertrag an Reinstengeln dz/ha	Gehalt des Stengels %	Ertrag kg/ha	Länge cm	Ertrag an Reinstengeln dz/ha	Gehalt des Stengels %	Ertrag kg/ha
Düngungsversuch Ia. Verschiedene Kaliformen, *ohne* Kalk zur Grunddüngung (s. Versuchsplan Ia ,S. 46). Zuchtfasernessel 12 (Bredemanns „Hansa")								
Ohne Kali	220	40,9	11,1	456	173	41,0	8,5	346
Kainit	225	37,0	11,8	437	165	36,3	8,6	312
Schwefels. Kali	213	40,0	11,6	465	173	37,2	9,0	335
40% Kalisalz	228	43,8	11,9	523	169	37,1	9,0	331
Kalimagnesia (Patentkali)	215	43,7	11,5	502	175	38,8	9,4	363
Durchschnitt	220	41,1	11,6	476	171	38,1	8,9	338
Düngungsversuch Ib. Ebenso, aber *mit* Kalk zur Grunddüngung (s. Versuchsplan Ib, S. 46). Gleiche Zuchtsorte								
Ohne Kali	223	42,3	11,9	501	169	41,0	8,7	357
Kainit	225	42,8	11,8	504	163	38,1	9,6	366
Schwefels. Kali	223	42,4	11,4	483	166	39,4	9,1	356
40% Kalisalz	225	41,3	11,6	481	164	36,9	9,5	350
Kalimagnesia (Patentkali)	215	41,6	11,6	485	166	36,8	9,4	342
Durchschnitt	222	42,0	11,7	491	166	36,5	9,3	354
Düngungsversuch IIa. Verhältnis von N:K_2O wechselnd, N gleichbleibend, K_2O steigend (s. Versuchsplan IIa, S. 46). Zuchtfasernessel Stamm 1489								
N:K = 1:2,0, 120 kg/ha K_2O	220	49,7	10,7	531	158	32,1	7,4	239
„ = 1:2,5, 150 „ „	207	49,2	10,2	503	158	34,6	8,4	291
„ = 1:3,0, 180 „ „	215	48,3	10,1	487	152	32,3	7,9	254
„ = 1:3,5, 210 „ „	212	46,7	10,4	486	155	31,2	7,6	238
„ = 1:4,5 240 „ „	213	45,6	9,4	429	150	30,4	7,5	229
Durchschnitt	213	47,9	10,2	487	155	32,1	7,8	250
Düngungsversuch IIb. Verhältnis von N:K_2O wechselnd, K_2O gleichbleibend, N steigend (s. Versuchsplan IIb, S. 46). Zuchtfasernessel 12 (Bredemanns „Hansa")								
N:K = 1:4,0, 40 kg/ha K_2O	217	38,8	11,4	444	156	31,2	9,7	302
„ = 1:2,66, 60 „ „	227	40,1	11,7	470	156	30,9	9,9	305
„ = 1:2,0, 80 „ „	231	48,3	11,6	556	161	38,8	10,0	387
Durchschnitt	225	42,4	11,6	490	158	33,6	9,9	331
Düngungsversuch III. Steigende N- u. K_2O-Gaben in gleichbleibendem Verhältnis 1:2,5 (s. Versuchsplan III, S. 46). Zuchtfasernessel 9 (Bredemanns „Fibra")								
ungedüngt	206	33,1	12,1	401	183	31,1	10,7	334
40 kg/ha N + 100 kg/ha K_2O	228	41,4	12,8	533	197	39,9	11,3	451
60 „ „ + 150 „ „	243	43,9	12,8	562	205	42,1	11,3	475
80 „ „ + 200 „ „	243	45,1	12,9	581	207	46,4	11,2	520
100 „ „ + 250 „ „	236	47,6	13,3	634	205	49,9	11,7	584
Durchschnitt	231	42,2	12,8	542	200	41,9	11,2	473

Tabelle 6 (Alle Werte bezogen auf Trockensubstanz)

Düngung	1937				1938			
	Stengel		Fasern		Stengel		Fasern	
	Länge cm	Ertrag an Reinstengeln dz/ha	Gehalt des Stengels %	Ertrag kg/ha	Länge cm	Ertrag an Reinstengeln dz/ha	Gehalt des Stengels %	Ertrag kg/ha
Düngungsversuche IVa. Vergleich zwischen Schwefels.Ammoniak u. Natronsalpeter (s. Versuchsplan IVa, S. 46). a) Schwefelsaures Ammoniak. Zuchtfasernessel Stamm 2370								
ohne Kali	225	51,6	9,1	467	143	25,8	8,3	213
Schwefels. Kali	220	49,6	8,8	440	141	24,4	7,8	192
40% Kalisalz	225	51,8	9,8	505	145	24,2	8,8	211
Kalimagnesia (Patentkali)	223	52,1	9,1	474	139	27,5	8,3	227
Durchschnitt	223	51,3	9,2	472	142	25,5	8,3	211
Düngungsversuch IVb. Versuchsanordnung u. Durchführung genau wie IVa (s. Versuchsplan IVb, S. 46). b) Natronsalpeter. Zuchtfasernessel Stamm 2370								
ohne Kali	239	61,0	9,5	581	144	33,8	7,7	261
Schwefels. Kali	242	68,5	8,9	609	149	32,8	8,1	267
40% Kalisalz	244	65,4	9,6	629	138	25,4	8,3	213
Kalimagnesia (Patentkali)	235	64,9	10,1	657	141	28,0	7,2	201
Durchschnitt	240	65,0	9,5	619	143	30,0	7,8	235

Düngungsversuch V. Herbst- bzw. Frühjahrsdüngung mit versch. N-Formen (s. Versuchsplan V, S. 46/47). Zuchtfasernessel Stamm 11359

Durchschnitt aller Versuchsreihen	Herbstdüngung				Frühjahrsdüngung			
1942	200	51,3	14,4	746	194	42,6	14,0	607
1943	208	28,4	12,9	366	190	28,3	12,9	352
Düngungsversuch VI. Herbst- bzw. Frühjahrsdüngung mit versch. Kali-Formen (s. Versuchsplan VI, S. 46/47). Zuchtfasernessel Stamm 9953								
1942	142	38,3	14,1	543	152	36,9	14,3	527
1943	135	21,1	13,3	280	162	21,7	13,8	299
Düngungsversuch VII. Herbst- bzw. Frühjahrsdüngung; versch. Verhältnis v. N:K (s. Versuchsplan VII, S. 46/47). Zuchtfasernessel Stamm 9851								
1942	207	58,1	14,2	823	216	68,7	14,4	986
1943	196	35,7	13,9	497	210	33,6	13,9	469
Düngungsversuch VIII. Herbst- bzw. Frühjahrsdüngung; Verh. N:K gleichbleibend, aber steigende Mengen (s. Vers. Plan VIII, S. 46/47). Zuchtfasernessel Stamm 14767								
1942	170	43,8	11,9	344	194	44,3	15,2	670
1943	178	28,5	12,5	391	193	23,1	12,8	299
Gesamt-Durchschnitt d. Düngungsversuche V–VIII 1942	180	47,9	13,7	614	189	48,1	14,5	696
1943	179	28,4	13,1	384	189	26,7	13,4	356

Welches die harmonische Düngung ist, richtet sich natürlich nach den örtlichen Gegebenheiten. Bei der Frage, ob Herbst- oder Frühjahrsdüngung vorzuziehen (Vers. V—VIII), ist zu berücksichtigen, daß Frühjahrsdüngung bei der Nessel immer die Gefahr in sich birgt, daß bei ungünstigem Wetter durch die Kali- und Stickstoffgaben leicht Verbrennungen und damit Schwächung der Pflanzen hervorgerufen werden können. Trotzdem Frühjahrsdüngung einen etwas höheren Fasergehalt zu bewirken scheint als Herbstdüngung, ist letztgenannte — nach dem Absterben des Nachwuchses im November/Dezember — vorzuziehen, weil Verbrennungsschäden dann nicht mehr zu befürchten sind. Sie führt auch zu zeitigerem Austrieb. Bei günstigem Wetter sind die im Herbst gedüngten Schläge um Ende März oft schon vollkommen grün mit über 5 cm hohen Austrieben, während auf den Schlägen der Frühjahrsdüngung nur Stoppeln zu sehen sind. Der Unterschied verwischt sich allerdings im Laufe der Vegetationsperiode wieder. Im Versuch VIII sieht man die Folge solcher starken Verbrennungsschädigung durch mißglückte Frühjahrsdüngung 1943 mit 40% Kalisalz, die den Stengelertrag um über 5 dz/ha herunterdrückte. Aber ein höherer Fasergehalt ist bei Frühjahrsdüngung in beiden Jahren zu erkennen.

Was die Kalidüngung anbelangt, so ist sie aus vorgenannten Gründen bei Frühjahrsgabe mit besonderer Sorgfalt anzuwenden. Besonders Kainit kann bei Frühjahrsgabe sehr schädlich wirken und durch Verbrennung der jungen Nesselpflanze schwerste Schäden zufügen. 40% Kalisalz ist weniger gefährlich, wenngleich es bei ungünstiger Witterung im Frühjahr ebenfalls Verbrennungen bewirken kann, doch sind die Schäden im allgemeinen weniger groß als bei Kainit. Am besten bewährte sich bei Frühjahrsgabe Kalimagnesia (Patentkali) oder auch schwefelsaures Kali. Die Kaliform an sich erwies sich auf den Fasergehalt der Stengel als ziemlich gleichgültig (Versuch Ia, Ib, IVa, IVb), wie überhaupt die Kaliwirkung weder auf den Fasergehalt der Stengel noch auf den Stengelertrag so stark hervortritt, wie man das nach den bisherigen Anschauungen hätte erwarten sollen.

Der Stickstoff dagegen erweist sich von besonderem Einfluß auf den Stengelertrag. Schwefelsaures Ammoniak, Kalkammonsalpeter, Kalksalpeter zeigen weder bei Herbst- noch bei Frühjahrsgabe verschiedene Wirkung. Kalkstickstoff dagegen ist sowohl bei Herbst- wie bei Frühjahrsdüngung mit größter Vorsicht anzuwenden oder besser durch eine andere N-Form, vielleicht auch Leunasalpeter, zu ersetzen. In der Literatur wird bekanntlich vielfach angenommen, daß die Ruderalpflanzen, zu denen ja die Nessel zählt, einen besonders großen Bedarf an Stickstoff haben [143]. Das trifft, wie wir oben gesehen haben, für die Nessel nur bedingt zu. Dagegen bestätigen die Versuche IVa und IVb, daß die Nessel durchaus nicht gegen Ammoniak empfindlich ist (143, 163], wenngleich Salpeter bessere Wirkung zeigt. Ihre Einordnung in die Gruppe „Ammoniak- und Salpeterpflanzen“ [128] erscheint also zulässig — falls man eine solche überhaupt vornehmen will —. Die bessere Wirkung des Salpeters erstreckt sich im Versuch IV zwar nicht auf den Fasergehalt des Stengels, der von den verschiedenen N-Formen überhaupt wenig beeinflußt zu werden scheint, bewirkt aber durch erhöhten Stengelertrag einen ansehnlichen Mehrertrag an Fasern von der Fläche. — Ein Verhältnis von 1 N : 2 K_2O oder auch 1 : 2,5 hat sich, wie schon in früheren Versuchen [118] bewährt. Man kann es aber ohne Sorge auf 1 : 4 steigern, falls der Kalizustand des Bodens das zweckmäßig machen sollte. Selbst Mengen von 100 dz/ha N und 250 dz/ha K_2O hatten (Vers. III) in beiden Jahren noch Stengelmehrerträge von 2,5 bzw. 3,5 dz/ha gegenüber 80 N + 200 K_2O hervorgerufen und gleichzeitig Erhöhung des Fasergehalts von 12,9 auf 13,3% bzw. von 11,2 auf 11,7% und damit eine Erhöhung des Fasererertrages um 53 bzw. 64 kg/ha.

Auf die ausgezeichnet übereinstimmenden Fasergehaltswerte in den Tabellen 5 und 6 sei hier nochmals besonders hingewiesen. Sie demonstrieren bestens die Zuverlässigkeit unserer Methode zur quantitativen Bestimmung des Fasergehalts (s. S. 21).

Die Stengelerträge durch wohlausgewogene Düngung scheinen weniger durch Zunahme der Stengellänge erzielt zu werden als vielmehr in erster Linie durch Zunahme der Bestockung. In einem Falle wurden auf je 10 m in der Reihe eines geschlossenen Feldbestandes bei sechs Sorten bei „ungedüngt“ insgesamt 3557 Stengel, bei „gedüngt“ 4132 ausgezählt, d. h. auf 10 m einer Sorte im Mittel 593 bzw. 689 Stengel, wobei der größte Unterschied in einer Sorte 533 bei „ungedüngt“ und 700 bei „gedüngt“ betrug. Selbstverständlich spielt auch die Stengellänge eine Rolle, obgleich schlechtere Bestände nicht immer kürzere Stengel haben, bisweilen in lichteren Beständen sogar längere. Die Stengeldicke ist weniger ausschlaggebend. Sie betrug, mit Dickenmeßgabel in mittlerer Höhe bei je 100 Stengeln der gleichen sechs Sorten gemessen, im Gesamtmittel von je 600 Messungen bei „ungedüngt“ 4,583, bei „gedüngt“ 4,750 mm.

Was die in den Versuchen erzielten absoluten Erträge an Stengeln und Fasern anbelangt, so fallen, abgesehen von dem unterschiedlichen Fasergehalt der Versuchssorten, große Unterschiede in den verschiedenen Jahren auf. Das ist, wenn auch vielleicht nicht in dem Ausmaße, auch bei anderen Kulturpflanzen bekannt; man denke z. B. an den schwankenden Stärkegehalt der Kartoffeln, den schwankenden Zuckergehalt der Rüben, oder auch an lokal bedingte Unterschiede im Fettgehalt bei Raps, Lein usw. Besonders fällt auf, daß alle Stengelertragszahlen sowie die Fasergehalte und damit die Fasererträge vom ha im zweiten Versuchsjahre niedriger, zum Teil wesentlich niedriger sind als die des ersten Versuchsjahres. Das ist sicherlich in erster Linie auf zufällig ungünstige Witterung in beiden zweiten Versuchsjahren zurückzuführen, die der hinsichtlich Wachstum und Faserausbildung sehr witterungsabhängigen Nessel geschadet hat. 1938 fielen in der Zeit von April bis Ende August nur 261 mm Niederschlag gegen 468 in 1937, und in den beiden 1937 recht regenreichen Monaten Juni und Juli mit 246 mm waren es 1938 nur 110 mm; auch 1943 zeichnete sich gegen 1942 durch ungünstige Niederschläge aus, in der Hauptvegetationszeit Mai bis Ende Juli 1942 waren es 208 mm gegen 173 in 1943, aber die 1943 besonders heißen Monate Mai und Juli brachten nur 77 mm gegenüber 201 in 1942.

Einfluß von Mineral- und Moorboden

Auf Niederungsmoor liegen die Verhältnisse nicht anders wie auf Mineralboden. Wo K-, P-, oder N-Bedürfnis des Bodens vorliegt und der p_H-Wert zu korrigieren ist, wirkt entsprechende Düngergabe in genannter Weise durch Erhöhung der Stengelernte und Erhöhung des Fasergehalts. Das zeigt z. B. ein Versuch im Havelländischen Luch 1939: Vier verschiedene Sorten hatten erhalten:

1. Normale K- und P-Düngung, wie für Hanf üblich, nämlich 100 kg/ha K_2O, 55 kg/ha P_2O_5,
2. ebenso, dazu Stickstoffgabe, 60 kg/ha N,
3. normale P-Düngung, K-Düngung erhöht, 55 kg/ha P_2O_5, 150 kg/ha K_2O,
4. normale K-Düngung, P-Düngung erhöht, 100 kg/ha K_2O, 80 kg/ha P_2O_5.

Im Mittel ergab sich:

Düngung	Stengellänge cm	100 Stengel lufttrocken wiegen g	Fasergehalt der Stengel in der Trockenmasse %
1. K + P normal	143	892	9,42
2. ebenso + N	166	1175	11,11
3. P normal, K erhöht	160	1114	10,15
4. K normal, P erhöht	159	1200	9,30

Also deutlich positive Reaktion auf alle drei Nährstoffe, am meisten auf N, aber auch auf K und P. Man sollte annehmen, daß in diesem Falle die „normale K- und P-Düngung wie für Hanf üblich" auch für Hanf keine ausreichende gewesen sei, denn die gleiche Nährstoffansprüche wie Hanf stellende Nessel (s. S. 44) befand sich offensichtlich im Hungerzustand.

Ein weiterer Versuch im Leba-Moor, Kr. Lauenburg i. Pomm. mit zehn verschiedenen Sorten, teils „Normaldüngung" (3 dz/ha 40% Kalisalz + 2 dz/ha Superphosphat), teils „mit Zusatzdüngung" (2,6 dz/ha 15% Kalksalpeter + 2,5 dz/ha 40% Kalisalz) erbrachte im Mittel bei „Normaldüngung" 52,7 dz/ha Stengeltrockengewicht ohne Blätter, „mit Zusatzdüngung" 55,2 dz/ha. Schurig-Hanf, direkt neben den Fasernesseln „Normaldüngung" brachte 65 dz/ha. Der Versuch ist auch insofern besonders interessant, als der Versuchsansteller den Mehrertrag bei den Fasernesseln „mit Zusatzdüngung" auf (wohl irrtümlich) Kaliwirkung zurückführt, da bei früheren Versuchen mit N zu Hanf auf vorliegendem Boden nie Mehrerträge zu erzielen waren, während über die Norm hinausgehende Kalimengen auch beim Hanf eine Steigerung brachten.

Bei einem anderen Versuch im Havelländischen Luch zeigten die drei verschiedenen Kaliformen, 40% Kalisalz, Kalimagnesia (Patentkali) und schwefelsaures Kali zusammen mit schwefelsaurem Ammoniak ganz gleiche Wirkung auf den Fasergehalt; Kalkstickstoff an Stelle des schwefelsauren Ammoniaks verringerte den Fasergehalt merklich.

Die Frage, ob die Nessel auf Mineralboden oder auf Niederungsmoor bessere Erträge und auf welchem sie höheren Fasergehalt aufweise, ist eigentlich müßig. Denn beide hängen von dem jeweiligen physikalischen und Nährstoffzustand des Bodens und den gegebenen Zusatzdüngungen ab und natürlich auch von der Pflege. Wir fanden z. B. [118], daß neun ältere faserarme Sorten auf Sandboden im Mittel 6,32%, auf Niederungsmoor nur 4,32% Fasergehalt hatten, hoben aber gleich hervor, daß man hieraus nicht schließen kann, die Faserbildung auf Niederungsmoor bleibe gegenüber der auf Mineralboden zurück, denn es handelte sich hier bei dem Sandboden um einen gut gedüngten und gepflegten Zuchtgarten, beim Niederungsmoor um einen nicht gedüngten und mäßig gepflegten Feldbestand. Jedenfalls sieht man auch hier, daß Standort bzw. Ernährung von wesentlichem Einfluß auf die Faserbildung sein kann. In Topfversuchen [62] war bei gleicher Düngung in den zweitjährigen gut entwickelten Nesseln im Mittel aus allen 13 Versuchsreihen gefunden: Auf Mineralboden 6,87 und auf Niederungsmoor 7,33% Fasern. Bei einem Feldversuch in der Mittelmark, bei dem am gleichen Ort sowohl Mineralboden als auch Niederungsmoor geprüft werden konnte, ergab sich als Mittel von vier Sorten auf Mineralboden ein Fasergehalt von 9,83% bei einer Stengellänge von 160 cm, auf Niederungsmoor ein Fasergehalt von 11,37% und eine Stengellänge von 191 cm; im gleichen Jahr an drei verschiedenen Stellen auf Niederungsmoor 11,01 bzw. 10,51 und 11,11% Fasern und zum Vergleich an 57 (!) verschiedenen Anbaustellen auf Mineralboden in ganz Deutschland zwischen 7,44 und 13,35%. Einige Jahre später ergab der Versuch auf der gleichen Anbaustelle in der Mittelmark ein umgekehrtes Bild: 10,33% Fasern und 157 cm Stengellänge auf Mineralboden, 9,32% Fasern und 142 cm Stengellänge auf Niederungsmoor, also offensichtlich mangelnde Nährstoffzufuhr auf dem inzwischen an leicht aufnehmbaren Nährstoffen verarmten Niederungsmoor.

Diese Beispiele aus vielen mögen genügen, um zu zeigen, daß weder die auf Mineralboden gezüchteten faserreichen Nesseln auf Niederungsmoor versagen, noch daß Niederungsmoor an sich auf den Fasergehalt drückt. Es ist nur eine Frage der richtigen Bodenwahl, Düngung und Pflege, um auch auf Niederungsmoor höchste Ernten mit höchstem Fasergehalt zu erzielen, ebenso hohe oder höhere als auf Mineralboden. Die Auffassung, daß auf Niederungsmoor jede Faserpflanze in der Menge der Fasern abfalle und erst durch erneutes Züchten wieder auf einen hohen Stand gebracht werden müsse [132], ist, was die Nessel anbelangt, bestimmt falsch und sicherlich auch auf die sonstigen Faserpflanzen, zumal Hanf, nicht zu verallgemeinern.

Il n'y a pas de mauvaises plantes,
il n'y a que des mauvais cultivateurs.
Victor Hugo: Les Misérables, Bd. 1, 1852.
[219]

IV. FELDMÄSSIGER ANBAU DER NESSEL ZUR FASERGEWINNUNG

Ansprüche der Nessel an Klima und Boden

Wenn die derzeitige Landesstelle für Spinnpflanzen 1920 sagte [121], daß auf Moorboden für ein gutes Gedeihen der Nessel es in erster Linie unbedingt auf ausreichende Wasserzufuhr ankomme und daß demgegenüber Zufuhr von Nährstoffen zurücktrete, so gilt das mutatis mutandis für jeden Boden und überhaupt für jede Örtlichkeit. Es ist klar, daß eine so reich belaubte und in den Monaten von April bis August so rasch und üppig wachsende Pflanze (vgl. die Abb. 27, 28 u. 29) auf große Mengen von Wasser angewiesen ist. Wo Nesselgroßanbau getrieben werden soll, muß man sich über die diesbezüglichen Verhältnisse zuvor bestens orientieren, zunächst sehr genau über die örtlichen Niederschlags- und Luftfeuchtigkeitsverhältnisse, dann über die des Bodens. Während des zweiten Weltkrieges, als es darauf ankam, möglichst viel Spinnfasern zu schaffen, war es nicht immer möglich, auf die Klima- und Bodenansprüche genügend Rücksicht zu nehmen, Enttäuschungen und Mißerfolge blieben an solchen Stellen nicht aus. Gegenden mit unterdurchschnittlichen Jahresniederschlägen sind wenig geeignet. Es kommt weniger auf die Niederschlagsmengen an als vielmehr auf gleichmäßige Verteilung in den Hauptmonaten. Gebiete mit häufigen längeren oder auch kürzeren Trockenperioden während dieser Zeit, besonders im April/Juli, werden immer Enttäuschungen bringen. Wir haben Nesselfelder — auf leichten Böden — gesehen, deren Bestand nach einer Dürrezeit im Juli alle Blätter abgeworfen hatte und sich erst nach einsetzendem Regen im August wieder begrünte, und zwar an kleinen sich aus den Blattachseln entwickelnden Seitenzweigen; solche erschweren jedoch die Verarbeitung der Stengel wesentlich. Auch in den Tabellen 5 und 6 sahen wir, wie stark ungenügende Niederschlagsmengen in den Hauptvegetationsmonaten eines Jahres die Stengelerträge, die Fasergehalte und damit den Faserertrag vom ha herabmindern können, bis auf die Hälfte und noch mehr, trotz sachgemäßer Düngung und Pflege.

Ein zeitweise zu hoher Feuchtigkeitsgehalt des Bodens schadet weniger als ein auch nur zeitweise zu geringer. Stauende Nässe wird nicht vertragen. Gelegentliche Überflutung auf leicht durchlässigem Boden schadet meistens nichts, nur gegen Überschwemmung im Spätherbst nach dem Absterben und im Frühjahr vor dem Neuaustrieb ist die Nessel recht empfindlich. Die bisweilen geäußerte Ansicht, ein Grundwasserstand von 20 cm unter der Oberfläche sei Vorbedingung, ist falsch; andere Angaben schwankten zwischen 50 und 120 cm, andere sagen, er entspreche dem guter Viehweiden. Unser Versuchsfeld hat einen Grundwasserstand von etwa 2 m und trägt ausgezeichnete Nesselbestände, s. Abb. 27, 28, 29 u. 30. Es kommt eben auf die Struktur des Bodens an. Moor-

Abb. 27. Fasernesseln — Sortenversuch
Links eine frühere, rechts eine spätere Sorte. Tadellos geschlossene Reihen im Frühjahr des auf die Aufpflanzung folgenden Jahres, also eines zweitjährigen Bestandes, der im Herbst zum ersten Male eine Stengelernte geben wird — phot. 11. Juni. — Die frühere Sorte war bei der Ernte Mitte August 225 cm hoch, die spätere 250 cm

böden müssen auf jeden Fall so weit entwässert werden, daß die Nesselfelder im wesentlichen auch vor Winterwasser geschützt werden, anderseits muß man im Sommer das Wasser durch Stauanlagen in genügender Höhe halten können. Sobald das Moor austrocknet und pulverförmig wird oder torfartige Form annimmt, bleibt das Wachstum der Nessel stehen. Man muß bedenken, daß die Pflanzen dem Moorboden wegen seiner besonderen kolloidalen Struktur nicht mehr als die Hälfte seiner vollen Wasserkapazität entreißen können.

Die Nessel-Anbau-Gesellschaft m. b. H. hatte um Ende des ersten Weltkrieges drei Nesselgüter: Friesack/Mark (135 ha), Wildesmoor b. Stettin (65 ha) und Hahnenmoor Kr. Celle (115 ha). Auf den beiden erstgenannten, gute Wasserversorgung, frischkultiviertes Niederungsmoor, gediehen die Nesseln nach einigen

Abb. 28. Drittjähriger Fasernesselbestand (auf lehmigem Sandboden). Phot. 24. Mai

Abb. 29. Derselbe Fasernesselbestand wie in Abb. 28 am 23. Juni. (Man beachte die außerordentlich rasche Entwicklung)

anfänglichen Schwierigkeiten gut — man hatte genügend Arbeitskräfte zur Unkrautbekämpfung! — [23]; in Hahnenmoor, anmooriger Sand, Teil der großen nordwestdeutschen Heide, war der Anbau wegen mangelnder Wasserzufuhr ein Fehlschlag.

Entsprechend ihrem großen Wasserbedarf ist die Nessel naturgemäß gegen austrocknende Winde empfindlich. Ungeschützte, unter ständigen und starken Winden stehende Lagen, z. B. Küstengebiete und Inseln, sind daher besser zu

Abb. 30. Eine Staude des gleichen Fasernesselbestandes wie in Abb. 28 und 29. — Mitte August, schnittreif
(Man beachte die starke Bestockung)

meiden [48]. Dagegen ist die Höhenlage an sich ohne Bedeutung. Wir fanden z. B. noch in über 1800 m Höhe in den Dolomiten hervorragende Exemplare von Wildnesseln (aber auch nur mit 4—6% Fasern).

Neben der ausschlaggebenden Wasserfrage spielt die Bodenstruktur und -beschaffenheit für das Gedeihen der Nessel eine große Rolle. Es ist erstaunlich, daß sich im älteren Schrifttum nicht nur das Märchen vom zweimaligen Schnitt [19] immer wiederholt, sondern auch das von der Anspruchslosigkeit der Nessel. Das kommt wohl zum Teil daher, daß C. BOUCHÉ u. H. GROTHE 1884 [19], an deren Buch sich die meisten der vielen nachfolgenden populären Aufsätze mit Anregungen zum oder Bedenken gegen feldmäßigen Nesselbau anlehnen, mißverstanden worden sind, wenn sie z. B. sagen, die (Wild!-) Nessel sei hinsichtlich der Bodenverhältnisse nicht wählerisch und nehme auch mit verschiedenen Feuchtigkeitsgraden des Bodens vorlieb, und die Möglichkeit, an unterschiedlichen Standorten fortzukommen, mache es verständlich, daß die Nessel unter den verschiedenartigsten Verhältnissen angebaut werden könne. „Allerdings mit mehr oder weniger Erfolg", wie sie selbst hinzufügen. Aber begeisterte Befürworter der Nesselkultur, wie es damals viele gab, machten dann daraus: „Die Nessel gedeiht auf jedem Boden", oder „Selbst nackte Felsen, wenn sie nur mit 2—3 Zoll Erde überstreut werden" [188], lassen sich zu Nesselpflanzungen verwenden, wenn auch nicht zur Fasergewinnung, so doch als „famose Weideplätze". Es ist aber nicht ganz richtig, wenn J. v. WIESNER 1921 [235] sagt, zu den Ergebnissen der Untersuchungen von BOUCHÉ und GROTHE gehöre leider auch die irreführende und bis in die neuere Zeit viel Verwirrung stiftende Angabe, *Urtica dioica* stelle an den Boden gar keine Ansprüche und könne auf schlechtesten Böden erfolgreich kultiviert werden. Sie beschreiben nämlich an verschiedenen Stellen die günstigsten Böden schon recht genau: Am ansprechendsten mäßig feuchte Lagen, nicht zu naß und nicht zu trocken, frischer, lockerer humusreicher Boden, in welchem Sand vorherrscht.

Dazu kommt dann noch nach unseren eigenen Erfahrungen: Ganz bindige, zähe Tonböden sind ungeeignet; bei schweren Lehmböden ist Vorsicht am Platz, sie bedürfen häufiger Lockerung, sind aber bei ungünstigem Wetter schwer zu bearbeiten; ganz leichte Böden scheiden wegen ihres geringen Nährstoffgehalts aus, ebenso solche, deren Profil nur sehr geringe Ackerkrume und stark durchlässigen Untergrund (Kies) zeigt, es sei denn, daß man sie vor dem Aufpflanzen mit ausreichenden Mengen Stallmist und Mineraldünger herrichtet. Wir haben auch auf solchen Böden bisweilen stattliche Nesselbestände erzielt, aber nur mit laufenden entsprechenden Kosten. Man sieht, die Bodenverhältnisse, die standortkennzeichnend für Wildnesselbestände sind [117, 128], müssen auch bei ihrer Kultur nach Möglichkeit respektiert werden. Wichtig ist auch, daß der Boden wenig unkrautwüchsig ist, besonders nicht graswüchsig und frei von Wurzelunkräutern, Quecke usw.

Vorbereitung des Bodens

Daher bereite man den Boden vor Winter vor und lasse ihn in Winterfurche liegen. Als gute Vorfrucht haben sich Hackfrucht, Lupinen oder andere Leguminosen bewährt. Auf frischkultiviertem Niederungsmoor wird die Nessel nur bei praktisch kaum durchführbarer Hackarbeit im Kampfe gegen das Unkraut nicht bald unterliegen; vorkultiviertes dagegen ist zu empfehlen, besonders nach Hackfrüchten oder Hanf als Unkrautunterdrücker.

Zu der Frage, ob die Nessel auf Moor- oder Mineralböden bessere Erträge bringe und auf welchen sie höheren Fasergehalt aufweise, haben wir S. 53 bereits ausgeführt, daß es nur von der Wahl des richtigen Standortes, der richtigen Düngung und der Pflege abhänge, um auf Niederungsmoor ebenso gute oder höhere Ernten mit höchstem Fasergehalt zu erzielen wie auf Mineralboden.

Die Bodenvorbereitung wird sich nach den jeweils gegebenen örtlichen Verhältnissen zu richten haben. Alle von Herbst bis zur Frühjahrsaufpflanzung hineingesteckte Arbeit macht sich reichlich bezahlt durch späteres freudiges Wachstum der Nesseln und später geringere Arbeit bei der Unkrautbekämpfung. Der Boden weise zum Bepflanzen einen feinkrümeligen gartenähnlichen Zustand auf, „als wolle man Rüben bauen". Er werde auch gut eingeebnet, damit später beim Mähen der Stengel keine Schwierigkeiten durch Bodenunebenheiten entstehen.

Die früher viel vertretene Auffassung, *Urtica dioica* sei eine Pflanze, die in Kultur mit bescheidenen Verhältnissen vorlieb nimmt und die man ganz extensiv bearbeiten könne, ist, um das nochmals zu wiederholen, also irrig. Die Nessel kommt daher nicht als Ersatzpflanze für anderweitig nicht brauchbare Böden in Betracht. Denn da, wo man sie mit Erfolg bauen will, kann man auch andere Feldfrüchte bauen. Das gilt sowohl für Niederungsmoor als auch für Mineralboden [28]. Wenn wir dem Nesselanbau trotzdem so viel Mühe gewidmet haben, so geschah das zunächst zu Studienzwecken und dann unter den ganz besonderen Verhältnissen.

Düngergaben

Die Nährstoffansprüche der Fasernessel haben wir bereits S. 42 kennengelernt. Die Nessel benötigt verhältnismäßig viel Kalk, Kali und Stickstoff, weniger Phosphorsäure. Bei Neuanlage gibt man im Spätherbst des der Aufpflanzung vorhergehenden Jahres zweckmäßig etwa 400 dz/ha Stallmist und außerdem je ha:

K_2O: 80 kg in Form von 40% Kalisalz oder Kainit,
P_2O_5: 25 kg in Form von Thomasphosphat oder Rhenaniaphosphat,
N: 30—40 kg in Form von Natronsalpeter oder Kalkammonsalpeter. Eine Bodenreaktion von p_H 6,5 ist erforderlich, bei darunterliegenden Werten ist unbedingt ausreichend zu kalken.

Für das zweite Jahr und die folgenden haben wir auf normalen Böden folgende jährliche Düngergabe empfohlen je ha:

K_2O: 150—180 kg in Form von 40% Kalisalz (nicht Kainit),
P_2O_5: 40—50 kg in Form von Thomasphosphat oder Rhenaniaphosphat, auf schwerem Boden auch Superphosphat,
N: 60—80 kg[1]) in Form von Natronsalpeter oder Kalkammonsalpeter (nicht Kalkstickstoff, nicht schwefelsaures Ammoniak),
CaO: nach Bedarf, bei normalem Kalkgehalt von p_H 6,5 etwa 10 dz Kalkmergel.

---

[1]) Unter Umständen auch mehr, die Nessel verträgt als Ruderalpflanze hohen Nitratgehalt des Bodens.

Bei der Gelegenheit sei erwähnt, daß G. BATES 1933 [11] die Nessel nicht für nitrophil hält, sondern für ihre Verbreitung einen mechanischen Faktor verantwortlich macht, nämlich die lockere Beschaffenheit stark organischen Bodens, da die Ausläufer keinen großen Widerstand überwinden können.

Man gebe die Düngemittel rechtzeitig, Kali und Phosphorsäure, auch Kalk während des Spätherbstes und der Wintermonate bei günstiger Witterung (vgl. S. 50). Da die Nessel Jauche gut verträgt, sollten bei Winterausgang reichliche Mengen gegeben werden.

Es hat den Anschein [201], als ob nach mehreren Erntejahren in vielen Fällen genannte Düngermengen, insbesonders die Höhe der Stickstoffgabe, zur Erzielung von Höchsternten nicht mehr ausreichen. Durch einfache Versuche wäre das unschwer festzustellen und abzuändern (vgl. Tab. 5, Düngungsversuch IIb und III).

Auf leichten Böden hat es sich als zweckmäßig erwiesen, im vierten oder fünften Jahr nach der Aufpflanzung eine erneute Stallmistgabe auf die Pflanzung zwischen die Reihen zu bringen.

Auf jeden Fall muß man scharf aufpassen. Durch Nahrungsmangel, falsche Düngung oder andere Ursachen eintretende Schwächung des Bestandes wird meist erst vom etwa vierten Jahre ab stärker bemerkbar, nicht nur am Nachlassen der Stengelerträge und an einer Abnahme des Fasergehalts, sondern an zunehmendem Unkraut und zunehmendem Schädlings-, besonders Käfer- und Rhizoctonia-Befall (s. S. 62), denen die geschwächte Nessel nicht mehr genügenden Widerstand entgegensetzen kann.

Feldmäßiger Anbau mittels Jungpflanzen, Pflänzlingen oder Sämlingen

Anlage der Nesselfelder kann entweder geschehen 1. durch Auspflanzen von Jungpflanzen bzw. Pflänzlingen der Zuchtfasernessel (s. S. 34) wie es während des zweiten Weltkrieges in großem Umfange auf etwa 500 ha erfolgte, oder 2. durch Auspflanzen von Sämlingspflanzen bzw. direkte Drillsaat, wobei zu den unter 2. genannten Verfahren freilich das Saatgut einer *Urtica dioica sativa* erst zu schaffen wäre, s. S. 83.

Das Auspflanzen der Jungpflanzen bzw. Pflänzlinge erfolgt am besten bei bedeckter feuchter Luft so zeitig wie möglich, solange der Boden noch feucht und die Witterung noch nicht zu heiß ist, möglichst Ende April bis Ende Mai. In Gebieten, wo Anfang Mai eine ausgesprochene Dürre- und Hitzeperiode zu herrschen pflegt, die dann von kalten Tagen mit Spätfrösten abgelöst wird, empfiehlt es sich, vor dieser Periode oder gleich nach ihr zu pflanzen.

Die Jungpflanzen bzw. Pflänzlinge müssen so schnell wie möglich in den Boden gebracht werden und dürfen nicht lange unbedeckt auf dem Felde umherliegen, besonders nicht bei trockenem und warmem Wetter. Notfalls schlägt man sie bis zum Eintritt günstiger Pflanzzeit solange an einem schattigen und kühlen Ort ein und hält sie mäßig feucht.

Die in der älteren Literatur empfohlene Pflanzweite von 20—30 cm Reihenabstand und 10—20 cm in der Reihe [19, 60, 229] ist viel zu eng. Sie hat sich nach dem Boden und auch nach der Größe der Jungpflanzen bzw. Pflänzlinge zu richten. Auf lockerem, humosem Nesselboden und mit normalem Pflanzmaterial empfiehlt sich eine Pflanzweite von 150 × 60 cm bis 150 × 65 cm. Sind die Jungpflanzen besonders groß und kräftig, kann man auch 150 × 70 cm stellen. Auf nicht ausgesprochenen Nesselböden empfiehlt sich, den Reihenabstand etwas enger zu wählen, 125 × 60—70 cm, sogar 100 × 60 cm, um rascher zu geschlossenen Beständen zu kommen. Entsprechend benötigt man zum Bepflanzen eines ha folgende Anzahl Jungpflanzen bzw. Pflänzlinge (eine Anzahl von Reservepflanzen zum Ergänzen von Fehlstellen empfiehlt sich einzukalkulieren):

Pflanzweite	Anzahl	Pflanzweite	Anzahl
150 × 60 cm	11220	125 × 60 cm	13600
150 × 65 cm	10560	125 × 65 cm	12800
150 × 70 cm	9440	125 × 70 cm	11440
		100 × 60 cm	17000

Im Verband wird über Kreuz gepflanzt. Die zuvor vorzunehmende Markierung erfolge durch Markör, Drill- oder Hackmaschine. Die Pflänzchen werden mittels Spaten in den Boden gesetzt, aber — was sehr zu beachten ist — nur bis zum Wurzelhals, und kräftig angedrückt. Eintauchen der Wurzeln in Lehmbrei oder dgl. kann bei trockenem Wetter das Anwachsen erleichtern.

Die Arbeitsleistung eines Pflanzers ist erfahrungsgemäß verhältnismäßig gering. Einschließlich Herantragen des Pflanzmaterials, Graben und Zutreten der Pflanzlöcher und notfalls Gießen der Pflanzstellen liegt sie zwischen nur 500—700 Pflanzen je Mann und Tag [201], so daß 10 Pflanzer etwa $2^1/_2$ Tage für 1 ha benötigen. Sollte jemals Anbau mittels aus „samenechter" Urtica dioica sativa-Saat im Frühbeet herangezogenen Sämlingen erfolgen (s. S. 40), so würde man sich zur Aufpflanzung zweckmäßig geeigneter Pflanzmaschinen bedienen oder auch eines abgeänderten STOLLschen Vielfachgerätes[1]), wie sie z. B. zum Verpflanzen von jungen Kohlpflanzen mit bestem Erfolg benutzt werden. Das ist aber Zukunftsmusik, von der wir uns aus gutem Grunde grundsätzlich freizuhalten bemüht haben.

Die verpflanzten Pflänzchen entwickeln sich bei einigermaßen zusagendem Wetter rasch, vgl. auch Abb. 6, 7, 8. Im ersten Jahre kann man nur unter besonders günstigen Klima- und Bodenverhältnissen damit rechnen, daß die Reihen sich schon schließen. Aber im August beginnen die Pflanzen bereits mit der Ausläuferbildung und setzen sie bis zum Frühjahr fort. Abb. 40 zeigt solche bereits tadellos geschlossene Reihen im zeitigen Frühjahr des auf die Auspflanzung folgenden Jahres. Abb. 27 zeigt den schon Anfang Juni etwa 1 m hohen prächtigen Bestand zweier verschiedener Fasernesselsorten, einer früheren (links) und einer späteren (rechts) dieser also zweitjährigen Pflanzung, die im Herbst zum ersten Male eine Stengelernte geben wird. Und in Abb. 28 und 29 sehen wir die üppige Entwicklung eines drittjährigen Bestandes (auf lehmigem Sandboden!): Bereits am 24. Mai, also zu einem Zeitpunkt, zu dem die meisten landwirtschaftlichen Kulturpflanzen sich eben zu entwickeln beginnen, steht das Nesselfeld

[1]) s. P. v. STRALENDORFF, Mitt. f. d. Landwirtsch., 60, 1945, H. 3, 58/59.

in prächtiger, das Auge erfreuender Üppigkeit mit einer Höhe von rd. 80 cm da; einen Monat später, am 23. Juni, haben die Pflanzen eine Höhe von über 150 cm erreicht, und wiederum zwei Monate später, Mitte August, hat derselbe Bestand eine Höhe von fast 250 cm erreicht (Abb. 30) und ist wieder schnittreif geworden. Auch die außerordentlich starke Bestockung mit etwa 50—60 Stengeln, den die in Abb. 30 dargestellte Staude dieses drittjährigen Bestandes zeigt, läßt ihre üppige Entwicklung erkennen.

Pflege bis zur Stengelernte

Die Pflege der Pflanzung in genannter Zeit besteht zur Hauptsache in der Unterdrückung des Unkrautes und Lockerhaltung des Bodens. Besonders im ersten Jahr ist recht häufig zu hacken und darauf zu achten, daß kein Unkraut zwischen und innerhalb der Nesselstauden aufkommt. Die im ersten Jahr aufgewendete Sorgfalt ist ausschlaggebend für die weiteren Jahre und wird belohnt durch geringeren Arbeitsaufwand, höhere Erträge und längere Dauer der Pflanzung. Das Sauberhalten der Bestände und die nötige, namentlich auf schwereren und zur Verkrustung neigenden Böden sehr wichtige Bodenlockerung erfolgt zweckmäßig mittels Hackpflug (Igel) und verstellbarer Egge. Man hat dann nur um die Stauden herum mit der Hand zu hacken, dann folgt zwischen den Reihen der Hackpflug und darauf die gleiche breite und verstellbare Egge, je nach Witterung entweder sofort oder später. Beim Hacken muß man darauf achten, daß der Boden von den Stauden nicht zu stark entfernt und daß dadurch in der Mitte der Reihen keine Erhöhung gebildet werde, die bei der Stengelernte stören würde. Das obengenannte Vielfachgerät ist auch für ähnliche Zwecke — Pflegearbeit und Sauberhalten in Kohlfeldern — empfohlen worden[1]).

Haben die Nesseln bereits eine größere Länge erreicht, so vergesse man nicht, die vor den Hackpflug gespannten Pferde durch vorgebundene Säcke oder Zeltplane vor den Einwirkungen der Brennhaare zu schützen, vgl. S. 7 und [213 b].

Nesselschädlinge und ihre Bekämpfung

Auch auf Schädlinge und ihre Bekämpfung ist während dieser Zeit und auch nach der Stengelernte zu achten. Die Nesselfelder haben unter Schädlingen im allgemeinen wenig zu leiden und ihre Bekämpfung ist bei einigermaßen Sorgfalt nicht schwer. Es ist natürlich möglich, daß, wie bei „neuen" Kulturen nicht selten, der eine oder andere bislang als harmlos angesehene Bewohner der Wildnesseln sich in feldmäßigen Fasernesselbeständen zu einem zu fürchtenden gefährlichen Schädling entwickelt, auf den man scharf aufpassen muß [165].

[1]) Die Pflege der Nesseln ähnelt in mancher Hinsicht der Pflege von Korbweiden. H. KRÜGER (Die Deutsche Landwirtschaft, Berlin, 6, 1955, 81—83) berichtet über diese aus praktischen Erfahrungen, speziell über die Unkrautbekämpfung, auch mit herbiciden Mitteln (s. auch S. 80).

Das ist nach unseren Erfahrungen besonders der Fall bei dem Verborgenrüßler *Ceuthorrhynchus quadrimaculatus L.* einerseits und den Raupen des Kleinen Fuchses *Vanessa urticae L.* und des Tagpfauenauges *Vanessa jo L.* anderseits.

Der Verborgenrüßler, *Ceuthorrhynchus (Cidnorrhinus) quadrimaculatus L.* (*Coeliodes didymus Sch.*), Gattung *Cidnorrhinus Thomsen*, ein kleiner schwarzer Rüßler, etwa 2,5—3,5 mm lang (Abb. 31), tritt bei uns in mehreren Generationen auf. Er ist außerordentlich gefräßig und durchlöchert im Frühjahr die Blätter in verheerender Weise so stark (Abb. 32), daß sie z. T. abfallen, auf jeden Fall aber die Pflanzen kümmern oder eingehen. Das ist besonders gefährlich bei frischgepflanzten Jungpflanzen, Pflänzlingen oder gar Sämlingen. Aber auch an älteren Feldbeständen, in denen die Käfer die Blätter der jungen Frühjahrsaustriebe durchlöchern, verursachen sie Wachstumsstörungen, wodurch wiederum Verunkrautung der Bulten (Stauden) begünstigt wird. Wir haben durch Bespritzung mit Blei- oder Kalkarsenat, 0,3—0,75%ig, gute Erfolge gehabt. Man muß allerdings darauf achten, daß auch die Unterseite der Blätter getroffen wird. Ist die Pflanze den Käfern erst „aus den Zähnen gewachsen", macht der Käferfraß keinen Schaden mehr.

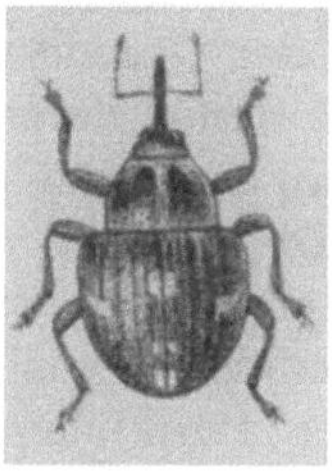

Abb. 31. Der Verborgenrüßler, Ceuthorrhynchus quadrimaculatus L. als Nesselschädling (stark vergrößert) aus: E. Reitter, Fauna Germanica Bd. V, Stuttgart 1916, Tafel 160

Abb. 32. Fraß des Verborgenrüßlers, Ceuthorrhynchus quadrimaculatus L. im Frühjahr an einer jungen Nesselpflanze. Die Blätter sind stark durchlöchert und fallen zum Teil ab; die Pflanzen kümmern

Aber auch die Larve des Käfers kann starke Schäden verursachen. Sie lebt in den Wurzeln, Rhizomen und unteren oberirdischen Stengelpartien, macht in ihnen lange Fraßgänge und bringt ganze Teile des unterirdischen Wurzelsystems zum Absterben. Und zwar scheint der Käfer besonders die älteren Bulte zu bevorzugen. Bei starkem Befall können solche völlig vermorschen. Man kann dann im Frühjahr die toten oder absterbenden Teile der Bulte leicht aus dem Boden ziehen und findet beim Längsspalten der Stoppeln die Fraßgänge mit oder ohne Larven leicht vor.

Ähnliche Biologie besitzt ein Verwandter, *Apion urticarium Herbst* = *A. vernale Sch.*, der ebenfalls nur auf *Urtica dioica* vorkommt und dessen Larven sich oft in schon von Larven des *Ceuthorrhynchus quadrimaculatus* besetzten Pflanzen finden. Die Larven sind kaum zu unterscheiden. Diese Art wurde als Käfer von uns nicht gefunden.

Allerdings scheinen die Käfer bzw. ihre Larven nicht die Alleinschuldigen zu sein. Denn man findet auf solchen vermorschten Bulten, aber nur auf solchen, die Stoppeln stets mit dem violetten Mycel des Wurzeltöters *Rhizoctonia crocorum* (*Pers.*) *DC.* = *Rh. violacea Tul.* überzogen. Er dürfte aber kaum die primäre Ursache des Absterbens sein, sondern die durch die Miniergänge der Käferlarven geschwächten Pflanzen besiedelt und sie restlos getötet haben.

Die Raupen des Kleinen Fuchses *Vanessa urticae L.* und des Tagpfauenauges *Vanessa jo L.* leben in ihrer Jugend gesellig zumeist in Klumpen beisammen, wie die Abb. 33, a—d das zeigen. In frühester Jugend findet man an den oberen Stengelpartien ihre weißen Gespinste, meist leicht in die Augen fallend, in denen es von einer Unzahl kleiner Räupchen wimmelt. Diese wachsen rasch heran, nehmen schwarze Farbe an (Abb. 33, b u. c) und verlassen nach einiger Zeit das Gespinst, bleiben aber zunächst noch in Klumpen beisammen (Abb. 33, d), bis sie sich dann über die ganze Pflanze und später über die Nachbarpflanzen zerstreuen und bisweilen, wenn mehrere „Nester" in der Gegend sind, mit ungeheuerem Appetit ganze Bestände kahlfressen und damit deren Wachstum ein Ende setzen. Sie verpuppen sich später irgendwo an den Nesselpflanzen oder in der Nachbarschaft an Bäumen, Zäunen u. dgl. Die Raupen dieser beiden Tagschmetterlinge ähneln sich, nur weist die schwarze Raupe von *V. urticae* nach der zweiten Häutung gelbe und schwarze Streifen auf und hat kürzere Stacheln als die ganz schwarze mit zerstreut weißen Pünktchen und langen weichen Stacheln versehene Raupe von *V. jo*.

Die Bekämpfung ist bei einiger Aufmerksamkeit nicht gerade schwer. Man muß die Bestände von Zeit zu Zeit, etwa bei beginnender Blüte anfangend, durchgehen lassen. Die weißen und später schwarzen „Nester" an den oberen Stengelteilen heben sich gut hervor. Am leichtesten ist ihre Vernichtung im ersten Jugendstadium (Abb. 33, a). Man biegt die ganzen Stengel zur Erde und zertritt das ganze „Nest" mit allen jungen Raupen, hundert und mehr, mit einem Schlage. Im Stadium Abb. 33, b ist das auch noch möglich, aber je mehr sich der Klumpen entwirrt und locker wird (Abb. 33, c), desto mehr Raupen fallen beim Niederbiegen des Stengels ab und zerstreuen sich in die Umgebung, wo sie kaum restlos zu fassen sind. Wir haben auch versucht, solche Flüchtlinge mit DDT-Stäubung zu vernichten, das lohnt sich aber nur, wenn sehr viele der Vernichtung durch Tottreten entgangen sind, man also nicht rechtzeitig aufgepaßt hat.

Außer den genannten gibt es noch eine ganze Reihe von Groß- und Kleinschmetterlingen, deren Raupen an Nesseln vorkommen oder nur an ihnen leben. Aber als wirkliche Schädlinge sind sie bislang nicht erkannt worden, was gewiß nicht ausschließt, daß sie es eines Tages werden könnten. Dazu gehören z. B. die Braune Landkarte *Araschnia levana L.*, (nur an Nesseln) mit Dornraupen, des Admirals *Pyrameis atalanta L.* und des Distelfalters *Pyrameis*

a

b

c

d

Abb. 33. Raupen des Kleinen Fuchses Vanessa urticae L. als Nesselschädlinge

a) die jungen Räupchen haben sich nach dem Ausschlüpfen in einem weißen „Nest" eingesponnen

b) die heranwachsenden Raupen beginnen das Gespinst zu verlassen, bleiben aber noch in Klumpen beisammen

c) der Klumpen lockert sich allmählich, einige Raupen machen sich selbständig

d) die Raupen zerstreuen sich über die ganze Nesselpflanze und in die Nachbarschaft

a

b

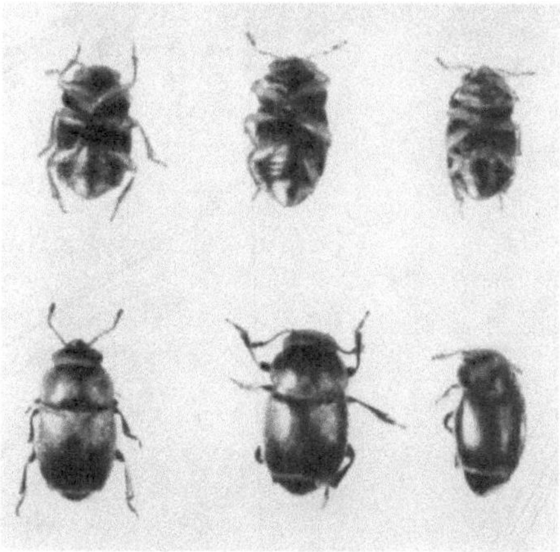

Abb. 34
„Rapsglanzkäfer“, verschiedene Arten der Gattung *Meligethes*, auf dem Blütenstand einer männlichen Fasernessel
Die Käfer fressen hauptsächlich Pollen, ohne Schaden anzurichten

a) etwa natürliche Größe

b) die etwa 2–2,5 mm langen und 1,5–2 mm breiten, glänzend blauschimmernden Käfer der Gattung *Meligethes*, vergrößert

Abb. 35
Die Gallen an den Nesseln, etwa kugelförmige, bis 10 mm große, fleischige Anschwellungen der Blätter, Blatt- und Blütenstiele, werden verursacht durch die gelblich-weißen etwa 2 mm langen Larven der *Gallmücke Dasyneura* (*Perrisia*) *urticae Perris*.

cardui L., beide ebenfalls mit dornigen Raupen, ferner verschiedene Eulen- (*Plusia*-)Arten, die nur an Nesseln lebende Nesseleule *Abrostola tripartita Hufn.*, verschiedene Bären- (*Spilosoma*- und *Arctidae*-)Arten; auch für die Raupen des 1940 aus Kanada und den USA zuerst nach Ungarn eingeschleppten Weißen Bärenspinners (Amerikanischer Webebär) *Hyphantria cunea Drury* wird die Brennessel — neben vielen anderen — als Futterpflanze genannt.

„Rapsglanzkäfer", verschiedene Arten der Gattung *Meligethes*, besiedeln in oft gewaltigen Mengen die Blütenstände männlicher Nesseln (Abb. 34). Sie nähren sich wohl hauptsächlich von Pollen[1]), ohne sich durch die Schnellbewegung der nach dem *Laportea*-Typ gebauten Filamente [156] und das Ausschleudern des Pollens stören zu lassen, fressen aber auch die Knospen an und ab, so daß die Blütenstände ihrer Blüten beraubt kahl dastehen. Auf rein weiblichen Nesseln findet man die Käfer nicht, auf Zwittern vereinzelt. Die Invasion erscheint im ersten Augenblick gefährlich, jedoch sind die Käfer für die Fasernesseln völlig unschädlich. Im Hochsommer verschwinden sie, um dann in Feldrainen, an Grabenrändern usw. zu überwintern.

Gallmücke, *Dasyneura* (*Perrisia*) *urticae Perris*, s. Abb. 35. Nur von einer Anbaustelle wurde über stärkeren Schaden berichtet. Der Herbstnachwuchs des gesamten Bestandes auf Moorboden war befallen, nur etwa 20 cm hoch und machte einen kümmerlichen Eindruck, während der Bestand auf Sandboden derselben Anbaustelle keinerlei Befall zeigte, sehr gut und dicht nachgewachsen und etwa 60 cm hoch war.

Zur Bekämpfung wird Spritzen mit Nikotinseifenbrühe empfohlen, eventuell auch vorbeugend, beginnend etwa Ende Mai/Anfang Juni, sobald Gallenbildung sich bemerkbar zu machen beginnt.

Drahtwürmer, *Elateridae*, richteten in einer Ende Mai vorgenommenen Aufpflanzung auf Niederungsmoor beträchtlichen Schaden an, indem sie die Wurzeln der noch nicht richtig angewachsenen Jungpflanzen anfraßen. Die befallenen Pflanzen kümmerten und viele starben ab. Es wurde Bekämpfung mit Kainit, 4 dz/ha, erfolgreich versucht. Mitte August konnte weitere Zunahme der Schäden nicht festgestellt werden. Die kümmernden Pflanzen hatten sich meist erholt, die abgestorbenen wurden mit gutem Erfolg nachgepflanzt. Über Drahtwurmschaden in Frühbeeten s. S. 34.

Die Nessel-Blattlaus, *Doralis urticaria Kalt.*, lebt den ganzen Sommer über auf den Brennesseln, richtet aber im allgemeinen kaum Schaden an[2]). Nur

---

[1]) Die 4 Staubblätter einer Blüte schließen nach ED. STRASBURGER 1910 [216] 6000 Pollenkörner ein; ein kräftiges ♂, das die in Vielzahl jedem Knoten entspringenden Blütenstände in sechs Stockwerken trägt, bringt somit nicht weniger als 45 Millionen Pollenkörner hervor.

[2]) Der Vollständigkeit halber sei kurz erwähnt, daß in der Literatur die Nessel auch als Wirtspflanze der San-José-Schildlaus genannt wird, und zwar in der Gruppe der Nebenwirtspflanzen, d. h. häufigere Vollentwicklung ohne starke Anhäufung (s. H. THIEM, Die Wirtspflanzen der San-José-Schildlaus und ihre Bedeutung. Z. ang. Ent., Berlin u. Hamburg, **35**, 1953, 91–122).

in heißen, trockenen Jahren tritt sie in großen Mengen schädigend auf, indem sie Blattkräuselung und Triebstauchung verursacht, s. Abb. 36.

Der Rostpilz, *Puccinia urticae-caricis* (*Schum.*) *Rebent*, s. Abb. 37, tritt wohl im allgemeinen nicht besonders schädigend auf, ist jedoch durch seine orangeroten Aecidienpolster außerordentlich in die Augen fallend. Der Pilz ist wirts-

Abb. 36. Von der Nessel-Blattlaus *Doralis urticaria Kalt.* befallene Fasernesseln mit Triebstauchung und gekräuselten Blättern (oberes Bild). — Zum Vergleich unten: Gesunde Fasernesseln kurz vor Blühbeginn

wechselnd; seine in den orangeroten Aecidien entstehenden Sporen gehen auf verschiedene Riedgräser über und erzeugen dort auf Blatt- und Blattscheiden kleine braune (Sommersporen), später schwarze (Wintersporen) Punkte oder Striche. Zu seiner — aber recht problematischen — Bekämpfung entferne und vernichte man befallene Pflanzen und möglichst alle Riedgräser in der Nähe der Nesselfelder.

Von sonstigen Pilzen können *Septoria urticae Rob. et. Desdm.* und auch *Phyllosticta urticae Sacc.* schädigen. Die ab Mitte Mai besonders von der Septoria-Blattfleckenkrankheit stark befallenen Pflanzen blieben, wie aber nur von einer Anbaustelle auf Moorboden gemeldet wurde, im Wuchs zurück und

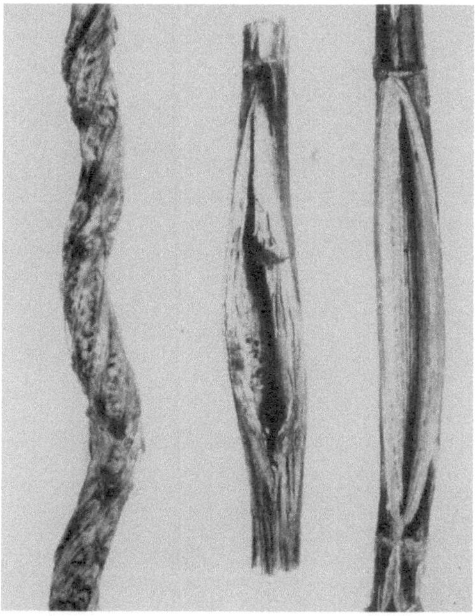

a b

Abb. 38

a) durch Drehwuchs mißgestalteter Nesselstengel

b) Nesselstengel mit Platzwunden

Abb. 39

Schwere Hagelwunde eines Nesselstengels im vorgeschrittenen Stadium. Holz liegt frei, Ränder stark verkorkt; Aufsicht, etwa 5 ×; aus: K. GARBER 1940 [67]

schrumpften zusammen. Teilweise verzweigten sich die geschrumpften Stengel an der Spitze in 2—3 Teile. Ob, wie gegen die Septoria-Blattfleckenkrankheit der Tomate empfohlen, spritzen mit kupfer- oder schwefelhaltigen Mitteln, 0,5—1%, Erfolg hat, wurde nicht ausprobiert. Auf jeden Fall sollte nach der Stengelernte zwischen den Reihen tief gegrubbert werden, um die Pykniden des Pilzes durch starke Erdbedeckung möglichst zu vernichten.

Der Teufelszwirn, *Cuscuta europaea L.*, auch Zaunseide genannt, ein auf Wildnesseln nicht seltener Schmarotzer, der sie mit feinen fadenförmigen, rötlichgelben Stengeln umspinnt, trat in allen Jahren in keinem der zahlreichen Fasernesselfeldern auf. Dagegen wurde bisweilen an den Stengeln ein eigentümlicher Drehwuchs (Abb. 38a) beobachtet, dessen Erreger allerdings noch nicht ermittelt werden konnte. Er verursacht kaum Ertragsausfälle, doch sind solche Drehwuchs-Stengel unerwünscht. Sie stören, wenn in größerer Anzahl zwischen gesunden Stengeln, deren Aufbereitung zu Fasern. Ebenso ist es mit den Platzwunden und Hagelbeschädigungen der Stengel. Wodurch die Platzwunden (Abb. 38b) entstehen — sie sind übrigens nicht häufig —, ist auch noch nicht klar, vielleicht durch zu starke Sonnenbestrahlung vollsaftiger Stengel oder auch durch ungewöhnliche Witterungsschwankungen im Sommer [201]. Von den Hagelwunden (Abb. 39) unterscheiden sie sich leicht. Letztgenannte mechanische Beschädigung der Rinde stört an sich die Aufbereitung der Nesselstengel kaum, doch werden die Fasern, wie K. Garber 1940 [67] feststellen konnte, an den betreffenden Stellen je nach Stärke des Hagelschlages mehr oder weniger stark beschädigt, oder unvollkommen ausgebildet, und eine weitere Schädigung der Faser und auch Erschwerung der Fasergewinnung kann leicht durch sekundären Pilzbefall (*Cladosporium*- und *Alternaria*-Arten) der Wunden eintreten. Bei starkem Pilzbefall empfiehlt sich möglichst frühzeitig zu ernten, ehe durch weiteres Wachsen des Mycels sich die Schäden vergrößern.

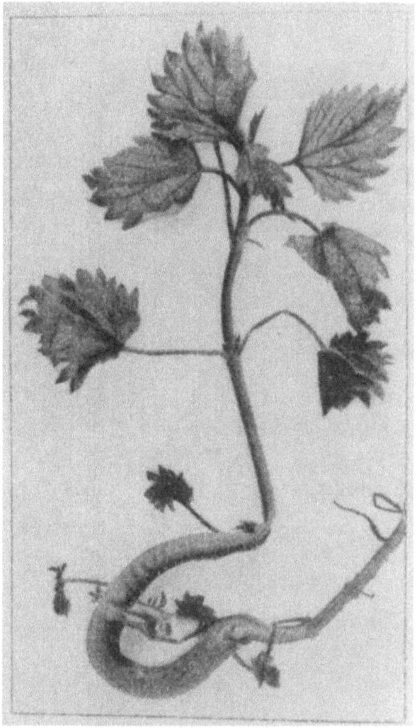

Abb. 37. Der Rostpilz, *Puccinia urticae-caricis (Schum.) Rebent*, verursacht an Stengeln und Blättern der Nesseln Anschwellungen und Verkrümmungen, die mit den orangeroten Aecidien des Pilzes besetzt sind; aus H. Pape, 1919 [165]

Über Auswinterung s. S. 28.

Ernte der Nesselstengel, Einbringen und Transport, ihre Bonitierung

Ob die Stengel der Fasernesseln bereits im ersten Anbaujahr geerntet werden, richtet sich nach ihrer Entwicklung. Im zeitigen Frühjahr gepflanzte Jungpflanzen, Pflänzlinge oder Sämlinge können unter besonders günstigen Boden- und Witterungsverhältnissen schon im ersten Jahre stattliche Längen von 1,5 m und mehr erreichen und entsprechende Erträge bringen. Nur solche schneide man im ersten Anbaujahr zur Fasergewinnung, aber nicht zu spät, nur bis Mitte August, damit die Pflanzen nach dem Schnitt noch möglichst viel Reservestoffe in ihre unterirdischen Organe für das nächste Jahr einlagern können. Diese Stengel sind für die Fasergewinnung allerdings qualitativ noch nicht vollwertig, weil meist noch ziemlich dünn, verzweigt und beblättert.

Abb. 40. Frühjahrsaustrieb eines zweitjährigen Fasernesselbestandes. Im Frühjahr des Vorjahres ausgepflanzt, im Herbst noch nicht geschnitten (s. die Reste der abgestorbenen Stengel). — Phot. 7. Mai

Die später, im Juli/August gesetzten Pflanzen ergeben im ersten Jahr noch keine Stengelernte für die Fasergewinnung. Wenn sie schon einigermaßen Länge erreicht haben, kann man sie u. U., um Mitte August geschnitten, als Streu verwenden. Sonst läßt man sie zweckmäßig im Herbst auf dem Felde absterben, über Winter stehen und walzt sie bei Frost mit leichter Walze nieder; im Frühjahr rotten dann die Stengel auf dem Boden vollständig weg (Abb. 40). Oder auch man mäht sie ab, natürlich vor Ausschlagen des Frühjahrsaustriebes.

Im Spätsommer des zweiten Jahres sind die Stengel dann als „schnittreif" anzusehen, wenn ihre Blätter etwa bis zu den Blütenständen abfallen und bei den ♀ die Früchtchen der unteren Blütenstände zu reifen beginnen, während die oberen Blütenstände noch grün sind, die obersten vielleicht sogar noch etwas blühen. Bei den ♂ pflegen in der „Schnittreife" die Blüten schon alle verblüht zu sein, die Stengelspitzen sind aber auch noch grün und frisch belaubt. Dieser Schnittreifezustand tritt bei den verschiedenen Sorten zu verschiedenen Zeiten ein, bei den frühesten im Hamburger Klima um Anfang August, bei den späteren in der zweiten Augusthälfte. Außerdem ist der Eintritt der verschiedenen Entwicklungszustände sehr von den jeweiligen Bodenverhältnissen abhängig. Je günstiger die Wachstumsbedingungen sind, desto langsamer vollendet die Fasernessel ihre Entwicklung und umgekehrt. Auf leichten Sand- und Heideböden tritt daher der „Schnittreifezustand" oft schon 2—3 Wochen früher ein, auf Niederungsmoor um etwa 1—2 Wochen später. ♀-Bestände, in deren Nähe keine ♂ blühen und die infolgedessen wenig fruktifizieren, setzen ihre Vegetationszeit — und ihr Wachstum — ebenfalls länger fort (vgl. S. 16).

In der Praxis hat sich ergeben, daß man den Schnitt der Stengel nicht zu lange über den angegebenen Schnittreifezustand hinauszögern soll. Läßt man nämlich die Stengel zu lange stehen, so treiben sie im Spätsommer aus ihren Blattachseln kleine Nebenzweige (Abb. 41), welche die Verarbeitung auf Fasern stören und welche ihrer oft recht starken Beblattung wegen auch rasches Abtrocknen und Einbringen der geschnittenen Stengel erschweren. Gleichzeitig beginnen solche überständigen Stengel unter der Epidermis eine Korkschicht auszubilden, die dann als grauer Belag besonders die unteren Stengelteile überzieht und bei der Verarbeitung auf Fasern hinderlich ist. Die Faserbeschaffenheit leidet in solchen überreifen Stengeln nicht, auch tritt mit zunehmendem Alter keine Verholzung der Fasern ein. Läßt man die Stengel jedoch so lange stehen, bis sie absterben, muß man mit wesentlicher Wertminderung rechnen, die bald eintretende Röste ergreift auch die Fasern und macht sie brüchig.

Abb. 41. Etwas überständiger Fasernesselbestand, der besser vor etwa 10 Tagen schon geschnitten worden wäre. Die fast entblätterten Stengel treiben aus den Blattachseln kleine beblätterte Nebenzweige

In eingehenden Untersuchungen über den Fasergehalt und die Faserausbeute bei verschiedener Erntezeit hat G. BREDEMANN 1940 [31] geprüft, ob nicht vielleicht frühere Erntezeit für die Fasernesseln in Frage käme, oder ob die Aberntung in einem früheren Entwicklungszustand der Stengel wesentliche Mindererträge an Fasern von der Fläche ergibt. In vierjährigen Versuchen auf Mineralboden und einem einjährigen Versuch auf Niederungsmoor mit 17 Versuchssorten zeigte sich [31], daß die Fasernesseln, zweitjährige und ältere Feldbestände, ihr Stengeltrockengewicht in der Zeit von beginnender Blüte bis gegen Ende der Vollblüte um fast das Dreifache erhöhen. Dann tritt in den weiteren 3—4 Wochen bis zur beginnenden Reife der Fruchtstände eine Verlangsamung des Zuwachses ein, aber immerhin noch eine Zunahme des Stengeltrockengewichts um rd. 10%. Der absolut höchste Fasergehalt der Stengel, zweitjähriger und älterer Bestände, ist schon im relativ frühen Entwicklungszustand der Fasernesseln erreicht. Etwa zur Zeit der beginnenden Blüte haben die Stengel entsprechend ihrem um diese Zeit noch verhältnismäßig geringem Holzgehalt sogar höheren Fasergehalt als zur Zeit der Reife. In den letzten etwa 6 Wochen vor der Reife erscheint der Zuwachs an Fasern und an Stengelmasse

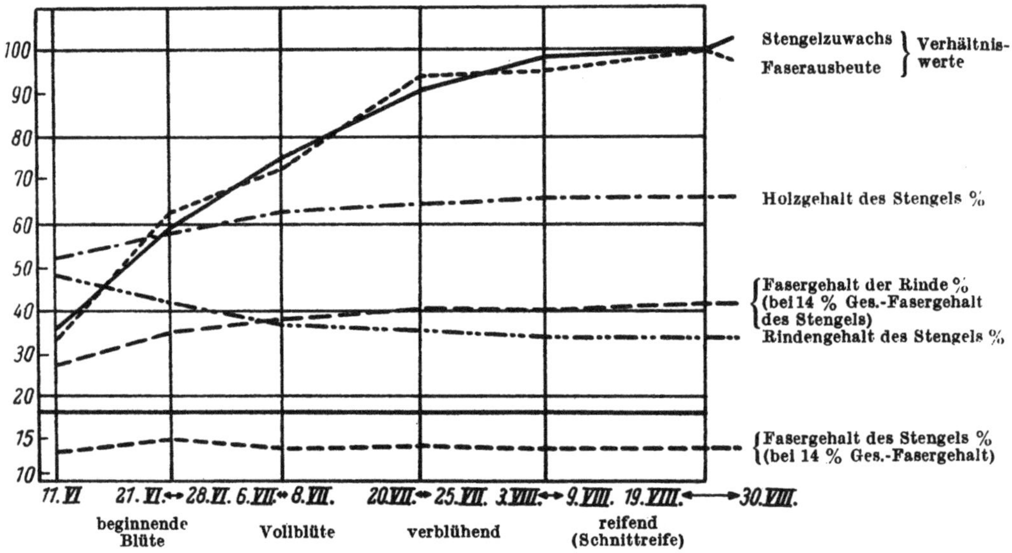

Abb. 42. Stengelzuwachs, Holz-, Rinden- und Fasergehalt und Faserausbeute der Fasernesseln in verschiedenen Entwicklungszuständen. Mittel von 4 Versuchsjahren und 17 Versuchssorten, zweitjährige und ältere Bestände [31]

ziemlich gleichgerichtet, wie auch Holz- und Rindengehalt sich in dieser Zeit nur noch wenig verändern. Das Diagramm Abb. 42 zeigt dieses Verhalten [31], und man erkennt, daß der oben geschilderte Zustand der Schnittreife der richtige Zeitpunkt ist, um Höchsterträge an Stengeltrockengewicht und damit an Fasern von der Fläche zu erzielen und daß Vorverlegung der Erntezeit beachtlichen Minderertrag an Stengeln und Fasern von der Fläche zur Folge hat. Die recht unterschiedlichen Sorten zeigen in ihrem geschilderten Entwicklungsgang keine grundsätzlichen Unterschiede.

Man hat früher [205] — reichlich phantastisch — von drei Ernten im Jahr gesprochen: Ende April einen ersten „Futterschnitt“ bei 20—25 cm Pflanzenhöhe, Ende Juni den „Nutzschnitt“ zur Fasergewinnung und im September noch einen dritten. Ganz abgesehen davon, daß man hiermit eine Nesselpflanzung bald zugrunde richten würde, sind auch die Fasern Ende Juni noch nicht vollständig ausgereift [76, 153] und noch verhältnismäßig wenig verdickt.

Schon J. MOELLER 1883 [153] fand, daß die Fasern in der ersten Periode des Blühens noch nicht reif, erst wenig verdickt und erst zur Zeit des Abblühens und der beginnenden Samenreife — also unserer Schnittreife — vollständig entwickelt sind.

Daß das oben skizzierte Stadium unserer „Schnittreife“ auch qualitativ beste Faser lieferte, zeigen einige fasertechnische Untersuchungen: Die absolute Reißfestigkeit der Fasern einer Sorte zur Zeit, als etwa die untere Hälfte des Blütenstandes in voller Blüte stand, Ende Juni, war 50 kg/qmm, nach fast vollendetem Abblühen, Mitte Juli, 60 kg, Anfang August, zur Zeit unserer „Schnittreife“ des Stengels 74 kg und Mitte September nach völligem Ausreifen des Blütenstandes und gerade beginnendem Absterben der Stengel 68 kg/qmm [28]. Demnach war die Faser Mitte Juli also noch nicht reif und fand noch eine erhebliche Zunahme der Festigkeit bis zur Schnittreife der Stengel statt. Die alsdann anscheinend einsetzende Wiederabnahme der Reißfestigkeit erscheint — wenigstens soweit es sich um gesunde und noch nicht angeröstete Stengel handelt — unwahrscheinlich, und die genannten Werte 74 und 68 kg/qmm sind auch nicht sehr unterschiedlich und dürften wohl im Rahmen der Versuchsfehler (jeweils nur 20 Faser-Einzelmessungen) liegen.

Beim Schnitt der Stengel [30] bedient man sich auf kleinen Flächen bis zu wenigen ha nach unseren Erfahrungen bis auf weiteres am vorteilhaftesten der Sensenmahd. Auch der Grasmäher mit Handablage hat sich ganz gut bewährt. Um das Durcheinanderfallen und mühsame Aufsammeln der Stengel zu vermeiden, ist die Handablage geeignet, die aber länger gebaut sein muß als am Grasmäher und mit Seitenauffangvorrichtung zu versehen ist. Bindemäher hat sich weniger bewährt; ohne Umbau an der Bindevorrichtung werden die Garben auch immer zu groß und können dann nur bei sehr günstigem Erntewetter im Bund bleiben, sondern müssen nachträglich noch einmal aufgeschnitten und ausgebreitet werden. Sicherlich würden sich aber auch Spezialmaschinen konstruieren lassen, vielleicht ähnlicher Art, wie sie sich zur Hanfernte bewährt haben[1]).

Auch bei Sensenmahd ist darauf zu achten, daß die Stengel beim Schnitt nicht verwirren, sondern möglichst parallel fallen. Zweckmäßig verfährt man wie in Abb. 43 u. 44 dargestellt: Man läßt dem Mäher einen zweiten Mann voraufgehen, der mit einem leichten dreieckigen Lattengestell die Stengel vor der Sense niederbeugt. Die Stengel fallen dann beim Schneiden glatt und gleichgerichtet zu Boden. Das Schneiden fällt so nicht schwer, selbst wenn man die Stoppel kurz hält. Man schneide jedoch nicht zu tief, sonst zerbrechen die Sensenblätter, und außerdem werden u. U. die Nesselstengel aus dem Boden gerissen und damit die Bulte beschädigt. Aber eine normale Stoppel von 6—10 cm ist gut zu erreichen, auch mit Grasmäher.

Ein geübter Sensenmäher schafft an einem Arbeitstage bis etwa $^1/_2$ ha. Eine ganz gleichmäßige Länge der Stoppel allerdings ist schwer zu erzielen, oft sind

[1]) s. C. FLADER u. H. NEUER: Der Deutsche Hanf. Berlin, Paul Parey, 1939, 54—55.

Abb. 43. Ernte der Fasernesselstengel. Schneiden mit kurzem schmalen, aber kräftigen Sensenblatt. Ein zweiter Mann geht dem Mäher vorauf und beugt mit einem leichten dreieckigen Lattengestell die Stengel nieder

Abb. 44. Beim Schneiden fallen die Stengel dann auf kurzem Wege glatt und gleichgerichtet zu Boden. Sie bleiben zunächst einige Tage im Schwad zum Trocknen liegen, s. Abb. 46

die Nesselstengel am Boden etwas gebogen, oder es kann geringe Ungleichmäßigkeit dadurch entstehen, daß die vom zweiten Mann niedergebogenen Stengel von dem Mäher etwas ungleich gefaßt werden. Aber schließlich setzt jede gute Arbeit entsprechende Übung voraus.

In der Praxis traf man aber nicht selten auch Fasernesselschläge mit viel längerer Stoppel, die entweder von ungeübten Mähern geschnitten oder mit aus unangebrachter Fürsorge für die Zugtiere zu hoch eingestellter Maschine gemäht waren, oder bei denen die Stoppeln infolge Geländeunebenheiten (s. S. 59) zu lang ausfielen. Wir haben, um die durch überlange Stoppeln entstehenden Verluste festzustellen, den Fasergehalt und die Faserausbeute in verschiedenen Stengelhöhen während zweier Jahre an 8 verschiedenen Zuchtstämmen genau untersucht [30]. Die gut übereinstimmenden Ergebnisse sind in der Abb. 45 dargestellt. Man sieht, daß der Fasergehalt an sich von der dünnen Stengelspitze bis zum dicken Fuß ziemlich beträchtlich geringer wird und am untersten Zehntel des Stengels besonders gering ist. Das hängt natürlich in erster Linie mit dem viel geringeren Holzanteil in den oberen Stengelpartien und den starken Holzanteilen in den unteren Stengelpartien zusammen. Aber man erkennt auch mikroskopisch, daß in der Rinde der untersten Stengelteile weniger Fasern liegen; ihr Durchmesser übertrifft zwar den der Fasern aus den höheren Stengelteilen beträchtlich, dafür sind sie aber meist recht dünnwandig, während die Fasern in den höheren Stengelteilen durchweg viel kleineres Lumen besitzen.

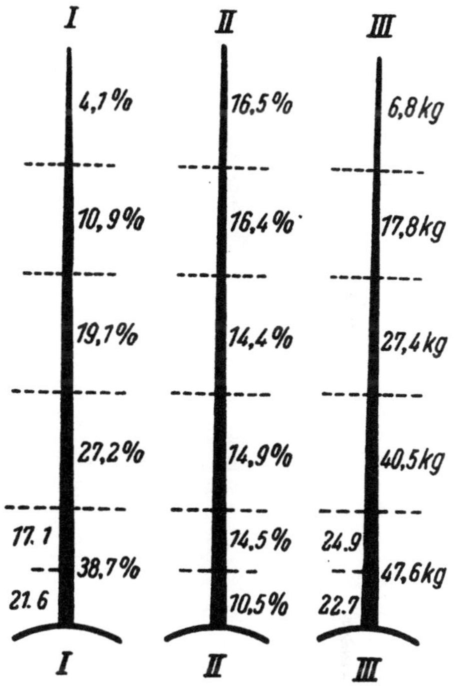

Abb. 45. Stengelgewichtsanteile vom Gesamt-Stengelgewicht (I), Faserprozente (II) und Faserausbeute (III) in den verschiedenen Stengelhöhen der Fasernessel

Aus den in Abb. 45 angegebenen Stengelgewichtsanteilen vom Gesamtstengelgewicht (I) und den Faserprozenten in den verschiedenen Stengelhöhen (II) läßt sich nun leicht berechnen, wieviel Fasern bei einer Ernte von z. B. 1000 kg Stengel mit 14% Gesamtfasergehalt aus den verschiedenen Abschnitten der Stengel gewonnen werden und in welchem Ausmaße Stengel- und Faserverluste durch die Stoppeln zu erwarten sind. Im gedachten Falle wäre das mit jedem Zentimeter Stoppeln eine Ertragsminderung um rd. 50 kg/ha Stengel und damit um rd. 5 kg/ha Fasern. Mit den 6—10 cm, i. M. etwa 8 cm langen Stoppeln, wie sie ein geschickter Sensenmäher nur hinterlassen soll, würden somit unvermeidbarerweise rd. 400 kg/ha Stengelstoppel und damit rd. 40 kg/ha Fasern auf dem Felde verbleiben, d. h. nur rd. 5—6% des Gesamtfaserertrages. Diese mit den Stoppeln verlorengehende Faser ist zudem, da sehr dick und dünnwandig, von geringster Beschaffenheit. Mit einer 10 cm zu langen Stoppel, also etwa 16—20 cm langen, wie sie in der Praxis sowohl bei Sensen- als auch bei Maschinenmahd durchaus nicht selten ist, tritt ein — vermeidbarer! — Ertragsverlust von rd. 500 kg/ha Stengel und damit von rd. 52 kg/ha Fasern ein. Und

Abb. 46. Die geschnittenen Nesselstengel liegen erst mehrere Tage im Schwad zum Abtrocknen, bevor sie aufgenommen und gebunden werden. — Rechts eine noch nicht ganz schnittreife etwas spätere Zuchtsorte

mit jedem Zentimeter Stoppellänge mehr vergrößert sich der Verlust um rd. 50 kg/ha Stengel und, da der Fasergehalt in diesen schon etwas höheren Stengelpartien in unserem Beispiel 14,5% beträgt, damit um rd. 7,3 kg/ha Faser. Eine Stoppel von z. B. 28 cm Länge würde also einen — vermeidbaren! — Verlust von rd. 1000 kg/ha Stengel und 125 kg/ha Faser zeitigen.

Kurz erwähnt sei hier noch, daß Kenntnis von der verschiedenen Verteilung der Fasern in den verschiedenen Stengelhöhen auch für die quantitative Bestimmung des Fasergehalts von Bedeutung ist, wie wir S. 21 gesehen haben.

Die geschnittenen Stengel läßt man mehrere Tage in breitem Schwad liegen (Abb. 46), wobei man sie u. U., wenn das Wetter ungünstig ist, zum schnelleren Trocknen bisweilen wendet, ohne sie aber zu verwirren. Dann werden sie in nicht zu dicke Bündel gebunden, mit Bindegarn, nur einmal kurz unter der

Mitte (Abb. 47), um Schimmeln der belaubten Spitzen zu verhindern. Die Bündel werden in Hocken (Abb. 47) oder an gespannten Drähten (Abb. 48) zum Trocknen aufgestellt. Sie trocknen nach Regen meist rasch wieder ab, sollen aber sobald wie möglich eingefahren werden, damit die Fasern nicht leiden. Dazu darf die Rinde der inneren Stengel in den Bündeln beim Ankratzen mit dem Nagel nicht mehr saftig und frisch grün erscheinen. Die wenigen Blätter und Fruchtstände fallen beim Trocknen, Bündeln und Einbringen größtenteils von selbst ab, so daß die Stengel, wenn genügend trocken, ziemlich blattfrei zum Versand kommen. Andernfalls hilft man, um das zu erreichen, nach Möglichkeit nach[1]). Man kann die Stengel zum Trocknen auch unmittelbar nach dem Schnitt in nicht zu dicker Schicht ungebündelt an sogenannten Kleehütten (Schwedenreuter) aufstellen (Abb. 49). Zweckmäßig umschnürt man jede Seite dieser mit Bindegarn, damit die Stengel nicht vom Wind umgeworfen werden. Man bündelt sie erst nach dem Abtrocknen, was den Vorteil hat, daß schon dabei ein Großteil der trockenen Beblattung abfällt und die Bündel auch fester geschnürt bleiben.

Das Einfahren der gut trockenen Bündel sowie der Transport bzw. das Verladen zur Aufbereitungsanstalt muß so sorgfältig erfolgen, daß sie nicht auseinanderfallen und die Stengel nicht brechen und sich nicht verwirren (Abb. 50). Gegebenenfalls müssen die Bündel zuvor nachgebunden und mehrere kleinere zu einem großen vereinigt werden.

Für die Bezahlung der an die Aufbereitungsanstalt (s. S. 88) zur Ablieferung gelangenden Nesselstengel wurde seitens des derzeitigen Reichsnährstandes folgendes mit Abnahme der Ernte 1941 geltende „Bewertungsschema für Nesselstroh" aufgestellt (im Beispiel ist die bewertete Punktzahl der Bonitierung mit einem * versehen worden, so daß sich mit der erzielten Summe der Punktzahlen, = 7, die Güteklasse II ergeben würde):

Bewertungsschema für Nesselstroh

	Punktzahl	
1. Stengelstärke, gemessen an Stengelmitte	1	bis 7 mm
	2*	7 bis 10 mm
	3	über 10 mm
2. Stengellänge	1*	über 1,50 m
	3	unter 1,49 m

(Fortsetzung S. 78.)

[1]) In den USA und auch in der UdSSR erzielt man bei Baumwoll-, Ramie-, Soja- usw.-Pflanzen in großem Umfang künstlichen Blattabfall durch Behandlung der Felder mit Entblätterungsmitteln (Defoliants und Desiccants) und erleichtert und beschleunigt damit die Aberntung. Man benutzt vorwiegend Calciumcyanamid + 40% Na_2SiF_6 in Mengen von 40 kg/ha, auch Sulfenyl- und Thiosulfenyltrithiocarbonate (s. G. Bredemann: Biochemie und Physiologie des Fluors, Akademie-Verlag, Berlin, II. Aufl. 1956, S. 95 und A. P. 2607673, Chem. Zbl. 1953, 7906).

Abb. 47. Die Stengel der Fasernesseln sind, nachdem sie einige Tage im Schwad gelegen (bei ungünstigem Wetter unter zeitweiligem Wenden), in nicht zu dicke Bündel gebunden — nur einmal in der unteren Hälfte — und in Hocken aufgestellt

Abb. 48. Die gebündelten Fasernesselstengel stehen an gespannten Drähten zum Trocknen. Links ein — wesentlich niedrigerer — fast schnittreifer Bestand von Schurig-Hanf zeigt gleichzeitig die Bodenqualität der Anbaustelle

Abb. 49. Die Fasernesselstengel sind unmittelbar nach dem Schnitt an sog. Kleehütten-Gestellen in nicht zu dicker Schicht aufgestellt. Zweckmäßig umschnürt man jede Seite mit Bindegarn, damit die Stengel nicht durch Wind umgeworfen und verwirrt werden. Das Bündeln findet nach dem Trocknen statt

Abb. 50. Verladen der trockenen Fasernesselstengel zum Versand an die Aufbereitungsanstalt

Bewertungsschema für Nesselstroh (Fortsetzung)

	Punktzahl	
3. Blattbesatz	1	praktisch blattfrei, höchstens Blattbesatz am oberen Drittel der Stengel
	2*	normaler Blattbesatz
	3	übermäßiger Blattbesatz
4. Gesamteindruck	1	Gut
	2*	Mittel
	3	Schlecht
	Sa. 7*	

Güteklasse	Punktzahl	Preis RM je 100 kg
I	4—5	16,—
II	6—7*	14.—
III	8—9	12,—
IV	über 9	10,—

Pflege nach der Stengelernte

Nach dem Schnitt der Stengel treibt die Pflanze rasch und lebhaft wieder aus (Abb. 51), die verschiedenen Sorten verschieden schnell, wie wir S. 16 gesehen haben. Man sorge daher unverzüglich für sorgfältige Entfernung vorhandenen oder aufkommenden Unkrauts, ohne dabei die Ausläuferbildung mehr als nötig zu stören. Der Boden zwischen den Reihen muß zur Förderung der Ausläuferbildung und Bestockung gelockert werden. Fehlstellen sind möglichst sofort

Abb. 51. Drittjähriger Fasernesselbestand, 14 Tage nach dem Schnitt der Stengel. — Die Stoppeln treiben schon wieder kräftig nach

nach dem Schnitt zu ergänzen. Man bepflanzt sie dicht, etwa alle 20 cm mit großen Abstichen, die man natürlich nicht von den die Fehlstellen begrenzenden Randpflanzen nimmt, sondern an anderen Stellen des Schlages, wo der Bestand besonders gut entwickelt ist. Sollte die Zeit schon zu weit vorgeschritten sein, so nimmt man die Nachpflanzung im zeitigen Frühjahr vor, sobald die Pflanzen mit dem Austrieb beginnen. Man muß die Fehlstellen deshalb so früh nachpflanzen, weil sonst die nachgepflanzten Absticbe von den sich rasch entwickelnden Altpflanzen zu stark beschattet werden und dadurch dauernd schwächlich bleiben und die Lücken nie ganz ausfüllen. Die Ergänzung der Fehlstellen ist aber mit eine der wichtigsten Pflegemaßnahmen, da besonders von Fehlstellen aus erfahrungsgemäß Verunkrautung einsetzt.

Das wichtige Sauberhalten der Bestände nach der Ernte und im Frühjahr wird durch Hackpflug und Egge wesentlich erleichtert. Man braucht dann nur unmittelbar an den Bulten mit der Hand zu hacken, wo in den weiblichen Beständen bei entsprechender Witterung sich auch oft bald ein grüner Rasen junger Nesselpflanzen aus den ausfallenden Nesselfrüchtchen entwickelt. Auch in den Bulten selbst keimen oft viele junge Nesselpflänzchen. Sie werden aber von den rasch wachsenden Nachtrieben der Altpflanzen bald völlig unterdrückt oder erfrieren im Winter. Verunreinigung der Bestände durch solche „wilde" Nesseln haben wir nur in ganz vereinzelten Fällen beobachtet. Trotzdem sind rasch nachtreibende Sorten vorzuziehen, auch gegen die u. U. recht unangenehm verrasende *Poa annua* und die noch gefährlichere Quecke, die sich leicht im Wurzelstock festsetzt und dann kaum daraus entfernt werden kann. Trotzdem die Nessel unterirdischer Stengelwanderer ist, wobei der Sproß rückwärts abstirbt [195], tritt bei guter Pflege ein Lichtwerden der Bulte nicht ein. Wird die Verunkrautung in den Bulten erst so stark, daß die Erträge wesentlich sinken, ist durch Hacken kaum noch etwas zu erreichen.

Für das Hacken zwischen den Reihen hat sich ein verstellbarer Hackpflug mit fünf Grubberzinken mit Gänsefußscharen als praktisch erwiesen. Dem Hackpflug folgt eine gleich breite und verstellbare Egge, je nach Witterung und Verunkrautung sofort oder später. Auch Motorfräsen wurden zur Unkrautbekämpfung und Bodenlockerung mit gutem Erfolg eingesetzt, sofern der Boden nicht zu steinig ist.

Haben wir schon früher auf den verhängnisvollen Irrtum in der älteren Literatur hingewiesen (s. S. 57), daß die Nessel eine anspruchslose mit jedem Boden zufriedene Pflanze sei, so stiftete auch die damals immer wieder aufgestellte Behauptung nicht geringe Verwirrung, daß Nesselpflanzungen wenig Arbeitskräfte erfordern [240], „nur in den ersten zwei Jahren einiger Pflege bedürfen, während in den späteren Jahren nichts nöthig ist, als Ernten" [78]. Auch daß, wenn die Pflanzen herangewachsen sind, sie durch ihren dichten Stand und die Beschattung das Unkraut selbst unterdrücken [48], ist Theorie und zeigt, daß man keinerlei Erfahrung mit der Anlage und Pflege von Nessel-Großkulturen hatte. Nesselfelder erfordern nicht nur bei der Anlage, sondern auch bei der Pflege unverhältnismäßig viel Arbeit und Arbeitskräfte, die sich allerdings durch geeignete maschinelle Hilfsmittel einschränken lassen würden. Daß die Nessel, herangewachsen, das Unkraut durch dichten Stand und Beschattung unterdrückt, stimmt an sich natürlich, aber man vergaß, daß nach der Stengelernte um Mitte August dieser Schutz des Bodens fortfällt und daß das zwischen den Reihen und in den Bulten aufkommende Unkraut bis zum Winter noch reichlich Gelegenheit zur Entwicklung hat. Bekämpft man es um diese Zeit nicht gründlich, ist das Nesselfeld verloren. Ob bei der Unkrautbekämpfung Selektiv-Herbizide nützliche Hilfe leisten können, ist noch nicht ausprobiert worden.

Der Herbstnachwuchs kann u. U. noch einen ansehnlichen Ertrag an Futter liefern (s. S. 108, 109). Man schneide ihn aber möglichst nicht vor etwa Mitte Oktober recht spät, um den Pflanzen Gelegenheit zur Einlagerung von Reservestoffen in die Wurzeln und unterirdischen Ausläufer zu geben. Die Blätter des Herbstnachwuchses bleiben bekanntlich sehr lange grün und ihr Abfrieren erfolgt meist plötzlich bei Eintreten des Frostes ohne vorhergehende Vergilbung der Blätter [195][1]).

Ernteerträge

Ernteerträge, die in der älteren Literatur „bei zweimaliger Ernte" mit 100 dz/ha trockene Stengel angegeben werden bzw. mit 100—120 dz/ha [19] — und dazu von aus Wildnesseln angelegten Feldern — [240], gehören in das Reich der Phantasie. Nach unseren über dreißigjährigen Erfahrungen dürften Stengelerträge bis zu 80 dz/ha lufttrockene Stengel [110] nur in Ausnahmefällen vorkommen. Die meisten Angaben in diesen Jahren schwanken zwischen 30 und 40 dz/ha. Jedoch ist oft nicht zu ersehen, ob es sich um „Reinstengel" handelt, d. h. um „geputzte", von den äußersten Stengelspitzen und dem Besatz an oberen Blatt-, Blüten- und Fruchtständen manuell weitgehend befreite, oder nicht. Meist dürfte es sich aber um ungeputzte gehandelt haben, also um solche, die nur beim Hantieren und Verladen einen mehr oder minder großen Anteil des Blattbesatzes verloren haben. Der Putzabfall kann je nach den Umständen und nach der größeren oder geringeren Sorgfalt der Behandlung bei und nach dem Schnitt u. U. recht groß sein und bis über 40% vom Gesamtgewicht betragen. Mit einem Verlust von durchschnittlich etwa 15% wird aber wohl zumindest immer zu rechnen sein. Das wären dann also nur rd. 25—35 dz/ha Reinstengel, wobei allerdings zu berücksichtigen ist, daß die großen Anbauflächen während des zweiten Weltkrieges recht oft auf wenig zusagendem Gelände angelegt werden mußten.

Bei den in unseren Tabellen 5 und 6 angegebenen Werten für Stengelertrag handelt es sich um „Reinstengel", also sorgfältig geputzte von guten Böden mit bester Pflege, deren Erträge in den beiden guten Jahren 1937 und 1942 zwischen 33,1 und 68,5 dz/ha, im Mittel aller Sorten und Versuche 47,6 dz/ha betrugen,

[1]) Daß die Nessel keine Vorbereitung für den herannahenden Winter trifft, wird als Zeichen dafür angesehen, daß die Anpassung der aus einem tropischen Verwandtschaftskreis stammenden Pflanze an das Klima der gemäßigten Zone noch nicht vollständig erfolgt ist [195].

in den schlechten Jahren 1938 und 1943 dagegen 21,1 und 49,9, im Mittel 31,3 dz/ha. Nehmen wir je 15% Putzabfall und Feuchtigkeit zu diesen auf wasserfreie Trockenmasse berechneten Ertragszahlen hinzu, so ergeben sich höchst ansehnliche Stengelwerte bis maximal rd. 80 und minimal rd. 30 dz/ha. Aber es handelt sich hier, wie gesagt, um erstklassig gepflegte Flächen, wie man sie in der großen Praxis wohl nur in Ausnahmefällen ohne Rücksicht auf Kosten oder gar Rentabilität erzielen kann. 68,5 dz/ha Reinstengel ergeben maximal 1165 kg/ha Reinfasern, 21,1 dz/ha ergeben maximal 359 kg/ha Reinfasern[1]) bei einem Maximalgehalt von 17% Fasern, wie die gegenwärtig faserreichsten Zuchtsorten ihn erreichen (zu den Versuchen der Tabellen 5 und 6 und anderen hier genannten dienten meist ältere faserärmere Zuchtsorten). Aber wir haben gesehen (s. S. 51), daß die Nessel, das gilt sowohl für die Faser- als auch für die Wildnessel, nicht nur in ihren Stengelerträgen, sondern auch im Fasergehalt stark von den jeweiligen Umweltsbedingungen abhängig ist. Andere Kulturpflanzen sind das auch, aber die meisten doch wohl kaum in gleichem Ausmaße. Das ist neben anderen einer der größten Nachteile der Nessel und erschwert jedwelche Kalkulation, s. S. 47.

Nutzungsdauer der Nesselfelder

Hinzu kommt noch, daß die früher vorherrschende Meinung, Nesselfelder könnten bzw. sollten [19, 205, 235, 240] eine unbegrenzte Zeit bzw. sehr viele Jahre, etwa 10—15, genützt werden, viel zu optimistisch ist. Es scheint doch wohl so zu sein, daß die Nessel das jedes Jahr fortgesetzte Schneiden ihrer Stengel vorzeitig vor ihrem endgültigen Absterben im Herbst/Winter, vor endgültig vollzogener Einlagerung der Reservestoffe in die unterirdischen Organe, auf die Dauer nicht gut verträgt, besonders bei ihr nicht gänzlich zusagenden Umweltsbedingungen. Man beobachtet dann eine allmähliche Verschlechterung der Feldbestände, trotz vorschriftsmäßiger Pflege: Rückgang der Stengellänge und -dicke, der Bestandsdichte und damit der Stengelerträge, sowie auch Abnahme des Fasergehalts. Diese Abnahme des Fasergehalts ist aber keine „wahre", denn vermehrt man solche faserärmer gewordenen Bestände vegetativ durch Stecklinge, so zeigen die aus diesen erwachsenden Nesseln zunächst wieder den zuvorigen hohen Fasergehalt der Stengel. Den besten Stand mit hohen Stengel- und Fasererträgen weisen die in beschriebener Art aus Jungpflanzen, Pflänzlingen oder Sämlingen herangezogenen Fasernesselfelder durchweg im zweiten und dritten Jahr nach der Aufpflanzung auf. Auch

---

[1]) Im Laufe des ersten Weltkrieges wurden bis April 1919 insgesamt 91 888 dz Nesselstengel abgeliefert, von denen die größte Menge aus Preußen und den besetzten Gebieten im Osten und Westen stammte [21]. Bei einer Faserausbeute von rd. 6% würden diese etwa 5500 dz Nesselfasern ergeben haben, das wären rd. 1—2‰ des Baumwollbedarfs (vgl. auch S. 86). — Rechnen wir bei unseren Fasernesseln eine mittlere Stengelernte von 40 dz/ha mit 14% Fasergehalt, also einen Faserertrag von 560 kg/ha = 5,6 dz/ha, so hätten sich mit unseren Fasernesseln die 5500 dz Fasern auf einer Anbaufläche von rd. 1000 ha erzielen lassen, und zwar alljährlich.

im vierten Jahr, also zur dritten Stengelernte, ist er bei entsprechender Pflege meist noch gut. Aber dann macht sich oft ein Rückgang bemerkbar, mehr oder weniger stark und rasch. Mit zunehmender Schwächung der Bestände wird auch der Widerstand gegen die verheerende Verunkrautung zunehmend geringer, zumal die in den Bulten, die Bekämpfung derselben immer schwieriger, bis der Kampf und damit die Nesselfelder aufgegeben werden müssen. Auch das Umgekehrte ist denkbar, daß die primäre Ursache das Unkraut ist und, trotz aller Bemühungen mehr und mehr aufkommend, mehr und mehr die Nessel schwächt. Das ist der große Nachteil einer perennierenden, ausdauernden Pflanze, wie die Nessel es ist, nicht ihr Vorteil, wie früher zu Werbezwecken für ihren Anbau fast allgemein angegeben wurde.

Auflassung alter Nesselfelder

Von seiten der praktischen Landwirtschaft sind gegen die Anlage von Nesselfeldern oft Bedenken geäußert worden dahingehend, ob große Nesselschläge nicht Gefahr einer Verunkrautung der anliegenden Felder durch Nesseln mit sich brächten und ob ein alter Nesselbestand sich überhaupt wieder vernichten lassen würde. Beide Bedenken sind nicht stichhaltig[1]). Eine Verunkrautung von Nachbarfeldern mit Nesseln durch anstoßende Nesselschläge ist nie beobachtet worden. Die kleinen Früchtchen werden von Vögeln normalerweise nicht gefressen, sodaß eine Verschleppung durch Vögel nicht stattfindet, auch durch Wind werden sie nicht verweht. Und wenn die Nessel auch unterirdischer Stengelwanderer ist (s. o.), so sind die Strecken, welche die Rhizome „wandern", doch nur kurz, wenngleich W. Popp 1920 [167] noch in 2 m Entfernung von einer Nesselpflanzung große Mengen von Nesselwurzeln im Boden fand. Keinenfalls aber ist die Gefahr vorhanden, daß Pflanzen von einem Feld in das benachbarte einwandern. Am Rande eines Nesselfeldes einen 50 cm breiten Rand unbebaut zu lassen und ihn, wie empfohlen [205], zeitweise zu pflügen, ist durchaus überflüssig.

Auch betreffs Vernichtung aufzulassender Nesselfelder braucht man sich keine Sorgen zu machen. Sie ist durchaus nicht besonders schwierig. Man schält am besten im Herbst nach der Stengelernte, gegebenenfalls auch im sehr zeitigen Frühjahr, läßt eine Zeitlang liegen, grubbert längs und quer (Abb. 53) und eggt mit schweren Eggen doppelt nach. Zur Wiederbestellung wird dann tief gepflügt. Als erste Nachfrucht bringt man am besten Kartoffeln, Rüben oder eine andere Hackfrucht und wird nur vereinzelte Nesselpflanzen im neuen Bestande finden, die sich leicht entfernen lassen.

---

[1]) Dagegen wäre theoretisch möglich, daß die Nessel als „Zwischenwirt" für die Hopfenvirose „Nesselkrankheit des Hopfens" und auch für das Virus der Bronzefleckenkrankheit der Tomaten wirken könnte (s. A. Hein, Die Deutsche Landwirtschaft, Berlin, 4, 1953, 521–525). — Umgekehrt wird von günstigem Einfluß der Brennesseln auf den Gehalt an ätherischem Öl bei in der Nähe wachsenden Kräutern, besonders Pfefferminze, Majoran, Baldrian, Salbei, berichtet (Ber. d. Schimmel & Co. A.G., Leipzig, 1941, S. 100).

Abb. 52. Ein alter Fasernesselbestand wird aufgelassen. Er ist im Herbst gleich nach der Stengelernte geschält, eine Zeitlang liegengelassen, mit schwerer Egge abgeeggt und im zeitigen Frühjahr längs- und quer-gegrubbert. Nun wird er nochmals mit schwerer Egge abgeeggt und zur Wiederbestellung tief gepflügt. Dann folgen Kartoffeln oder Rüben

Feldmäßiger Anbau durch Drillsaat mit Samen einer zu schaffenden „Urtica dioica sativa"

Über feldmäßigen Großanbau mittels Drillsaat liegen nur ältere Erfahrungen um 1917/20 vor. Die Nessel-Anbau-Gesellschaft mbH. begann damals auf ihren Gütern in Friesack/Mark und Wildesmoor bei Stettin mit orientierenden Versuchen auf Niederungsmoor [23]. Der nicht vorkultivierte Boden in Friesack wurde in ähnlicher Weise vorbereitet wie für die Auspflanzung von Wurzelabstichen (Rhizompflanzung): Fräsen der Grasnarbe mit dem Lanzschen Landbaumotor, Umbrechen mit dem Motorpflug und nochmaliges Fräsen. Vor dem Drillen wurde zwecks möglichst flacher Unterbringung der Saat mit dem Lanzschen Landbaumotor stark gewalzt. Einer der Schläge, auf dem die Aussaat im Frühjahr sich verspätete, wurde nach dem Drillen mit einer leichten Walze gewalzt, um Gefahr einer starken Austrocknung zu begegnen, die übrigen blieben nach dem Drillen ungewalzt. Alle Schläge bekamen vor der Aussaat eine (nicht ganz richtige!) Düngung mit 12 dz/ha Kainit und 6 dz/ha Thomasphosphat.

Gedrillt wurde in 25 cm Reihenentfernung — 40 bis 60 cm wären richtiger gewesen — [121] mit 20 kg/ha Saat. Sie stammte aus Wildwuchssammlung, war mit 60—65% Kelch- und Hochblättern verunreinigt und recht verschieden reif, so daß die Keimfähigkeit nur 35—69%, im Mittel rd. 50% betrug. Das war an sich kein Nachteil, sogar ganz nützlich zur Verdünnung der sehr feinen Samen — 1000-Korngewicht etwa 0,14 g [23, 33] —, der zum Zwecke des Drillens sonst zuvor mit feinem Sand zu vermischen gewesen wäre.

Sehr dichtes Säen, sogar 20 cm Reihenabstand, wie es empfohlen wurde, damit sich die Nesseln gegenseitig selbst beschatten und üppig ins Kraut schießen und um die Pflanzen zu zwingen, ohne sich zu verästeln schlank in die Höhe zu gehen [13, 127], ist völlig abwegig; es würden Kümmerpflanzen entstehen. Anzuraten wäre sogar, die aufgelaufenen Reihen beim Hacken ähnlich wie Rüben zu behandeln, d. h. nur Horste in Abstand von etwa 20 cm in der Reihe stehen zu lassen.

a b c

Abb. 53. Nesselaussaat

Zwei Drillreihen aus Saatgut zweier verschiedener Kreuzungskombinationen (s. S. 40). — Aussaat März

a) 7. Juli; langsame Anfangsentwicklung nach Trockenheit

b) 13. August; rasche Weiterentwicklung nach Überwindung des Frühstadiums

c) 20. April; nach Überwinterung. Man sieht die abgestorbenen Stengel des ersten Jahres und die austreibenden Pflanzen. Die Reihe der rechten Kreuzungskombination hat besser überwintert als die der linken

Mit genannter Saat wurden rd. 25 ha im Herbst und Winter, 20 ha im März bis Mai des folgenden Jahres gedrillt. Die Drillreihen liefen bei Aufgang der Witterung auf, zuerst auf den im Herbst gedrillten Schlägen. Von ihnen hatte ein Teil im Winter unter Wasser gestanden, aber auch dort lief die Saat auf, einige Tage später als die im zeitigen Frühjahr gedrillte. Auch die im späten Frühjahr gedrillten Reihen liefen alle gut auf, nach etwa 2—3 Wochen, je nach

Witterung. Bei dem herrschenden günstigen Frühjahrswetter markierten die Reihen sich schon nach kurzer Zeit deutlich, so daß man Ende Mai mit der Hacke beginnen konnte. Auf bereits stark verunkrauteten Stellen machte das insofern Schwierigkeiten, als man Gefahr lief, die Reihen beim Hacken zu lockern, so daß sie bei Eintritt einer kurzen Dürreperiode vertrockneten. Auf den guten Schlägen unterschied sich Mitte August der Stand der gedrillten von den mit Wurzelabstichen bepflanzten kaum. Erneutes Hacken wurde dann um diese Zeit bei beiden dringend nötig.

Ungünstig gestalteten die Verhältnisse sich lediglich auf den später, ungefähr Ende April bis Anfang Mai gedrillten Flächen, als eine ungewöhnliche Trockenheit einsetzte. Während die im Herbst und im zeitigen Frühjahr gesäten Pflänzchen bereits vier und mehr Laubblätter entwickelt hatten und mit ihren schon ziemlich langen Wurzeln die Trockenheit überstanden, starben die ganz jugendlichen Stadien mit erst zwei entwickelten Blättern restlos ab. Auch ein geringer Regen Anfang Juni nützte auf diesen Flächen nichts.

Der auf dem nicht vorkultivierten Niederungsmoor durch Hacken allerdings kaum sauber zu haltende Aufwuchs aus dieser Wildnesselsaat lieferte im zweiten Jahr einen Stengelertrag zwischen 12 und 20 dz/ha mit 4—5% Fasergehalt, also kaum 100 kg Fasern vom ha.

Im Gegensatz zu der damaligen Annahme von B. KALT 1917 [102], daß man mit der Erziehung von Nesselkulturen aus Samen nicht gut fahre und man bei Neuanlage Stecklinge verwenden müsse, ist es also so, daß Drillkultur an sich recht wohl aussichtsreich sein kann, sofern man so rechtzeitig drillt, daß der Boden genügend Feuchtigkeit hat, um die Keimung und darauf die Entwicklung der Pflänzchen so kräftig zu gestalten, daß diese einer Trockenperiode im Frühjahr schon entronnen sind. Herbstaussaat wäre daher im Gegensatz zu C. BOUCHÉ u. H. GROTHE 1884 [19] und O. RICHTER 1917 [179] vorzuziehen. Auch R. SCHWEDE 1919 [210] empfiehlt im Hinblick auf die den Keimprozeß begünstigende Frostwirkung die Herbstaussaat, und zwar in lockeren Böden nur wenig tief, denn Zutritt von Licht fördert die Keimung der Nesselsamen. Frühjahrsaussaat, aber sehr zeitig vorgenommen, hätte jedoch den großen Vorteil, daß man über Herbst und Winter noch reichlich Zeit zur Bodenbearbeitung verwenden könnte, um ihn unkrautrein zu machen, s. S. 79.

Solange man jedoch keine „sortenechte" Saat faserreicher Nesseln besitzt, die erst zu schaffen wäre — sie läßt sich aber schaffen, s. S. 40 —, ist es müßig, die Frage zu diskutieren.

"Out of this nettle, danger, we pluck this flower, safety"
Shakespeare: König Heinrich IV, 1590/92
(Percy, 1. Teil, II, 3) [116]

V. TECHNOLOGIE DER NESSELFASERN

Aufbereitung der Nesselstengel zu Fasern

Wie wir S. 6 gesehen haben, unterscheidet der anatomische Bau des Nesselstengels sich von dem des Flachses und Hanfes dadurch, daß die Fasern in der Rinde nicht, wie bei letztgenannten, aus vielen Einzelfasern zusammengesetzte Faserstränge bilden, sondern daß sie als Einzelfasern mehr oder weniger dicht verstreut in der Rinde liegen, s. Abb. 2, 3, 9. Folge ist, daß sie bei der Aufbereitung der Nesselstengel nicht als zusammengesetzte Faserstränge gewonnen werden, oder höchstens durch Zusammentrocknen des zwischen den Einzelfasern liegenden zarten Rindengrundgewebes als bastartige Streifen. Eine gut aufbereitete Nesselfaser ähnelt im Aussehen vielmehr der Baumwolle — daher auch bisweilen ihre Bezeichnung Nesselwolle — und besteht durchweg aus Einzelfasern, die, ein großer Vorteil, auf Baumwollspinnmaschinen verspinnbar sind. Hierzu müssen die Einzelfasern unbeschädigt, aber genügend rein, möglichst frei von „Pflanzenleim" und besonders auch frei von Rinden- und Holzteilchen gewonnen werden. Und es ist verständlich, daß die Aufschlußverfahren andere sein müssen wie die für Flachs und Hanf nützlichen und gebräuchlichen.

Schon bei Bouché u. Grothe 1884 [19] ist eine große Anzahl von Verfahren beschrieben. Sie arbeiteten aber alle nicht befriedigend. In der Zwischenzeit, besonders während der beiden Weltkriege, als man in der Fasernot die Wildnesselbestände nutzte und auch mit dem feldmäßigen Anbau begann, bemühte man sich eifrig und sehr ernsthaft um Verbesserung der Entfaserungsverfahren mit dem Erfolg, daß es im zweiten Weltkrieg gelang, wirklich schöne und den Anforderungen genügende Nesselfasern herzustellen, während das frühere Material meist schwer spinnfähig war und dadurch dem Rufe der Nesselfaser schadete.

Die Verfahren wurden durchweg durch zahlreiche in- und ausländische Patente und Zusatzpatente geschützt [48, 137, 169a] und in den Einzelheiten ihrer Ausführung geheimgehalten. Anfangs versuchte man es mit den alten Röstverfahren in Anlehnung an die traditionelle Flachs- und Hanfröste. Das Röstverfahren bewährte sich jedoch nicht. Das gewonnene Fasermaterial war nicht genügend von anhaftenden Scheben, d. h. Rinden- und Holzteilchen, zu befreien und, wohl infolge leicht eintretender Überröste und zu strapaziöser mechanischer Bearbeitung, angegriffen und geschwächt, ganz besonders natürlich, wenn so ungleiches Material zur Verarbeitung kam, wie es bei Wildsammlung nun einmal anfällt: dünne und dicke Stengel, reife und unreife, ganze und beschädigte usw.

Deshalb wandte man sich dem Flockenbast-Verfahren über die Grünflachsentholzung zu. Man läßt die Nesselstengel, am besten vorsortiert, — aber auch Wirrstroh kommt in Frage — durch ein Grünflachsentholzungs-Aggregat gehen, das aber in seiner Walzenkombination entsprechend eingestellt sein muß, und verarbeitet das mehr oder weniger gut entholzte Grünwerg weiter zu Fasern. Nach Großversuchen (mit 28 t Nesselstengel) von M. LÜDTKE und Mitarbeitern 1941/44 [136/37] ist es wichtig zur Erzeugung eines möglichst holzfreien Grünwergs, die Nesselstengel zuvor auf einen Wassergehalt von 7—9% herunterzutrocknen. Blieb mehr Wasser im Stengel, stieg die „Ausbeute", aber nur infolge eines höheren Scheben (Holz)-Gehalts. Das „praktisch holzfreie" Grünwerg fiel nicht in Form langer Bänder an, sondern infolge des vorgenannten anatomischen Baues der Nesselstengel kürzer. Es war verständlicherweise nicht möglich, Grünlangfaser neben Werg zu erzeugen. Verarbeitung des so gewonnenen Fasermaterials zum Grüngespinst befriedigte hinsichtlich Zugfestigkeit nicht. Es würde sich zwar für mancherlei Zwecke, z. B. als Füllmaterial, gebrauchen lassen, aber dafür ist die wertvolle Nesselfaser eigentlich „zu schade". Dagegen ließ sich in genannten Versuchen der Aufschluß des Grünwergs mit schwacher Natronlauge zu Flockenbast zwecks Verspinnung nach dem Baumwollspinnverfahren einwandfrei und verhältnismäßig leicht bewerkstelligen. Es ergab sich eine Ausbeute von 48,8% bezogen auf das Grünwerg mit einer Faserfeinheit von 1600—2200 bei einer Festigkeit von 40—50 Rkm. Verspinnung des so gewonnenen und bei laufender Verarbeitung wohl noch zu verbessernden Nesselfasermaterials zu reinem Garn oder Mischgarn erwies sich ohne weiteres durchführbar, wenn man sich innerhalb der Garnnummern hielt, die dem Produkt angemessen waren; z. B. Mischgarn Nessel/Zellwolle 50/50, Nm 20 bzw. 27 zeigte Reißlängen (trocken) 5,8 bzw. 5,0 km, naß 5,6 bzw. 4,9 km.

Einen wesentlich anderen Weg ging der inzwischen verstorbene Textilindustrielle JOHANNES ELSTER, in Firma Gebrüder Uebel in Adorf i. Vogtl. [56], der überhaupt die Nesselfrage durch sein Interesse an ihr wesentlich förderte und — wohl als erster Privatmann Deutschlands — auch selbst mit bestem Erfolg ausgedehnten Nesselanbau betrieb. Die Fasergewinnung beim Elster-Verfahren (Adorfer Verfahren) besteht im Prinzip darin, daß unter Vermeidung der die Fasern leicht mehr oder weniger schädigenden Grünflachsentholzung (nur bei Nesselwirrstroh ist sie unvermeidlich) die vorsortierten Nesselstengel einer Vorkochung unterzogen werden, der eine Nachkochung mit gleichzeitiger Avivage folgt, alle Arbeitsgänge auf einer einzigen Maschine. Die durch eine Reihe von Patenten und Zusatzpatenten geschützte Maschine, die während des zweiten Weltkrieges mit bestem Erfolg in Adorf gearbeitet hat, ist dort bei den Kämpfen der letzten Kriegstage leider zugrunde gegangen. Sie arbeitete, kurz skizziert, ungefähr in folgender Weise: Die von Blattwerk usw. gereinigten und zuvor sortierten Nesselstengel werden in paralleler Anordnung in Längsrichtung von einem Auflegetisch in die Vorkochung gerollt, von wo sie nach bestimmter Zeit automatisch auf die Entrindungsanlage wandern. Das von der Rinde sauber befreite Holz wird in ganzer Länge seitlich ausgestoßen und kann in der Papierfabrikation verwendet werden (s. S. 118, 121), während die Rindenstränge, immer parallel in Längsrichtung liegend, nach Passieren eines Kalanders in die Nachkochung befördert und in ihr so weit aufgeschlossen werden, daß ohne Schädigung der Fasern die sonstigen Rindenteile ganz erweichen und sich leicht vollständig von den Fasern trennen lassen. Das, verbunden mit gleichzeitiger Degummierung, geschieht auf einem langen wandernden Metallsiebtuch durch starkes allseitiges Ausspritzen mittels heißen Wassers bei unterstützender Rüttelbewegung des Metallsiebtuches. Die so gereinigte Fasermasse wird durch geeignete Vorrichtung automatisch von dem Metallsieb abgenommen und als Faserpelz getrocknet. Diese Faserpelze sind ein ganz loses, weder verfilztes noch verknotetes Gefüge, das einer weiteren Voröffnung vor der üblichen Auflösungsarbeit im Spinnprozeß nicht bedarf. Auch dies bedingt eine gewaltige Schonung der Faser und bringt zudem außerordentliche Zeit- und Lohnersparnis mit sich [1].[1])

Wenn Nesselwirrstroh und mehrmals gebrochenes kurzes Abfall-Stengelmaterial, wie es beim Transport entsteht, zu verarbeiten war, wurde aus ihm zunächst Grünwerg nach der Methode Grünflachsentholzung bereitet (s. o.), wobei die Walzenkombination des Entholzungsaggregats speziell auf Schonung der Faser im Werg eingestellt wurde [1]. Das Grünwerg wurde dann nach dem Elster-Verfahren weiter behandelt. Die so aus Nesselwirrstroh gewonnene Faser ist von geringerer Qualität als die aus gesunden langen Stengeln gewonnene, was wohl trotz aller Vorsicht auf Schädigung der Faser durch das Grünflachsentholzungs-Aggregat beruht. Es ist verständlich, daß die lange Elementarfaser der Nessel bei harten Bearbeitungsverfahren leicht bricht. Die Ausbeute aus dem Grünwerg belief sich auf etwa 40—45%, war also an sich ähnlich wie beim vorher beschriebenen Flockenbastverfahren, nur etwas niedriger, weil reiner.

Ähnlich wie über Grünwerg hat man auch versucht, die Nesselstengel unter Druck aufzuschließen und, ohne die Elementarfaser anzugreifen, das Holz dabei so weit aufzulösen, daß seine Weiterverarbeitung zu Papier möglich bleibt. Die an sich schwierige Trennung und Reinigung der Faser vom Holzbrei soll dann mittels der Elsterschen Maschine möglich sein.

Die Frage der Fasergewinnung aus den Nesselstengeln scheint also an sich gelöst. Verbesserungen sind natürlich immer noch erwünscht und möglich. Ein Nachteil ist und bleibt jedoch allen großtechnischen Faseraufbereitungsanstalten, nämlich der mehr oder minder lange, die Kosten verteuernde und das Stengelmaterial nicht gerade verbessernde Transport der Stengel vom Anbauort

[1]) Auf Tafel 8 finden wir am Schlusse dieses Buches ein Muster solcher Nesselfasern aus einem Faserpelz, wie er bei Aufbereitung der Fasernesselstengel nach dem ELSTER-Verfahren gewonnen wurde.

zur Aufbereitungsanstalt. Welches der geschilderten beiden Verfahren, das Flockenbast- oder das Elster-Verfahren, den Vorzug verdient, ist zur Zeit schwer zu sagen. Beide haben ihre Vor- und Nachteile, und ihre Arbeitsleistung, Betriebskosten und bis zu einem gewissen Grade auch ihre Faserschonung lassen sich mit den einer modernen Baumwollentkörnungsmaschine, sei es Säge- oder Walzengin, gar nicht vergleichen. Die qualitativ bessere Nesselfaser von beiden Verfahren liefert zweifellos das Elster-Verfahren, dem deswegen der Vorzug zu geben wäre, zumal die Arbeitsleistung unter Berücksichtigung dessen, daß das Flockenbastverfahren etwa doppelt so viele Arbeitsgänge erfordert wie das Elster-Verfahren, bei beiden etwa die gleiche sein dürfte.

Die nach dem Elster-Verfahren hergestellte ungekämmte Nesselfaser erwies sich [56], rein versponnen, als guter Baumwollersatz bis zu 14er engl. Kettengarn. In Mischung mit 50% Baumwolle spann man sie zu einer guten 24er engl. Garn aus. Auf Baumwollkämm-Maschinen gekämmt, ließ sie sich rein bis zu guter 30er engl. Kette verspinnen. — Auch größere Nummern und Schußgarn nach dem Zweizylindersystem ließen sich in sehr schönen Qualitäten herstellen[1]), vgl. auch S. 92.

Bau der Nesselfasern

Das so gewonnene Nesselfasermaterial sieht aus wie Baumwolle, zeichnet sich aber durch seidigen Glanz, Geschmeidigkeit und Weichheit aus. Die Nesselfasern bestehen aus reiner Zellulose, auch in den ältesten Fasern am Fuß der Stengel läßt sich keine Spur von Verholzung nachweisen. Ihre Länge schwankt nach den Literaturangaben zwischen 2 und 215 mm. Das sind sehr große Unterschiede, aber die Literaturangaben besagen meist nichts Näheres über das gemessene Material, ob und wo sorgfältig herauspräparierte oder technische Faser gemessen wurde. Daß mit steigendem Fasergehalt einer Sorte auch die Länge ihrer Faser zuzunehmen scheint, wurde bereits S. 19 erwähnt. Im großen und ganzen dürfte man wohl mit einer Faserlänge von 30—50 mm rechnen können. In Tabelle 8 ist eine Anzahl von aus der Literatur entnommenen Werten für Länge und Breite der Nesselfasern zusammengestellt und im Vergleich dazu die der Ramie-, Lein-, Hanf- und Baumwollfasern.

Das aufgeschlossene Nesselfasermaterial besitzt einen Mittelstapel von etwa 15—25 mm, je nach dem Grad der Aufschließung. Daneben enthält der Stapel noch sehr lange Maximalfasern bis zu 80—200 mm. Diese wirken bei der Ver-

[1]) Hier sei auch der sehr eingehenden Untersuchungen N. Pšenicas 1921 [169a] über die Eigenschaften der aus Nesselfasern erzeugten Nitrocellulosen und ihre Verwendbarkeit in technischer und ökonomischer Hinsicht Erwähnung getan. Es zeigte sich, daß die Nesselcellulose sich beim Nitrieren anders verhält als Baumwolle. Nesselcellulose wird durch H_2SO_4 stark angegriffen und zum Teil gelöst. Gegen HNO_3 und oxydierende Mittel ist sie widerstandsfähig. Von Lauge, Soda und Schwefelnatron wird sie beträchtlich angegriffen. Die besten Ausbeuten an nitrierten Cellulosen wurden bei Verwendung von Mischsäuren mit dem Verhältnis 2,5 bis 2,0 H_2SO_4 : 1 HNO_3 und 10—12% Wassergehalt erzielt. Bis zu 14% Wassergehalt in Mischsäuren liefern (unstabile) Schießwollen, darüber hinaus (bis 22%) Kollodiumwollen mit befriedigender Stabilität.

Tabelle 8

Länge und Breite der Nesselfasern im Vergleich zu anderen Spinnfasern nach K. SCHÖNLEBER 1942 [202] ergänzt durch [6], [19], [81], [87], [93], [153], [169a], [171], [221], [224], [233], [235]

	Länge in mm			Breite in μ		
	Minim.	Maxim.	Meist- und Mittelwerte	Minim.	Maxim.	Meist- u. Mittelwerte
Nessel	2–30	50–215	30–50	12–20	70–125	40–50
Ramie	60–100	150–580	120–260	7–17	60–100	30–40
Flachs	1–10	20–120	20–40	5–17	30–200	15–30
Hanf	5	55	15–30	10–15	30–40	15–25
Baumwolle	2–20	258–7	25–30	10–15	20–50	20–25

spinnung zusammen mit Baumwolle störend, was in der Bauart der Streckwerke begründet liegt. Ihre Entfernung ist eine Frage der Aufschließung [5]. Nachstehend einige technologische Daten von aus Nesselwerg nach verschiedenen Verfahren gewonnenen Nesselfasern [1]:

Stapel in mm	a	b	c	d
Mittelstapel	12,5	11,0	17,4	15,6
Maximalstapel	104	74	151	215
Faserzahlanteile der Zone %				
2–10 mm	50,4	57,9	40,3	38,8
10–42 mm	48,0	40,8	51,8	55,9
>42 mm	1,6	1,3	7,9	5,3
Feinheit				
Durchschnittl. Feinheit in Nm	2140	1780	940	850
Zonenfeinheit der Zone				
6–10 mm	2020	2080	1770	1230
10–42 mm	2240	1790	1090	980
>42 mm	1370	980	320	240
Holzgehalt %	1,1	5,2	3,7	6,0

Im Querschnitt erscheinen die Nesselfasern selten kreisrund, öfter, besonders wenn sie dichtgelagert sind, rundlich polygonal bis ovalplattgedrückt (Abb. 3 und 9). Die im Stengelquerschnitt nach außen zu liegenden ältesten Fasern sind die dicksten und oft direkt bandartig flach in tangentialer Richtung zusammengedrückt. Die Wände sind nur mäßig, aber gleichmäßig verdickt [171, 235]. Man erkennt im Querschnitt deutlich die verschiedenen Verdickungsschichten (Abb. 3). Sie sind mit Tüpfelkanälen versehen, die sich nach außen häufig gabeln. Die Wand umschließt ein verhältnismäßig weites, je nach Form des Gesamtquerschnittes bald mehr rundliches, bald quergestrecktes, manchmal leicht gebuchtetes Lumen, das im Durchschnitt zwischen 3,3 und 12,7% der Gesamtquerschnittsfläche ausmacht [81, 86, 171, 174, 235]. Für diese werden folgende Querschnittsgrößen angegeben: 103–573–798–1143 qμ.

In der Längsansicht sieht man die Faserenden spitz zulaufen, jedoch deutlich abgerundet, auch verzweigt [Abbildungen siehe bei 86, 153], bisweilen löffelartig endigend [75, 76, 81], also recht vielgestaltig. Neben gedrungenen dünnen Fasern findet man sehr breite, flach bandartige, ähnlich der Baumwolle mit breitem, deutlich sichtbaren Lumem [Abbildungen bei 85, 86, 127]. Diese bandartigen Fasern zeigen an manchen Stellen Auftreibungen, auch an den Enden, wodurch deren löffel- oder spatelförmige Gestalt zustande kommt [19, 75, 153]. Nicht verwechselt werden dürfen solche Auftreibungen mit den nicht seltenen Drehstellen, wo die bandartige Faser fast unvermittelt um 90° gedreht erscheint [81]. Die Poren finden sich nur an einem Teil der Fasern, vorzugsweise an den starken, verdickten, nicht bandartigen. An den übrigen werden sie durch Spiralstreifung ersetzt bzw. verdeckt [173]. Die Poren sind 13—17 μ lang und schmal spindelförmig, stets rechtsläufig, Neigung 6—9°, im Mittel 7,3°.

Die sekundäre Membran zeigt stets eine, wenn auch mitunter nur schwach erkennbare schräg ansteigende rechtsläufige Spiralstreifung, das heißt von rechts unten nach links oben. Manche haben nur ein einziges rechtsläufiges System, Neigung 7—10°, im Mittel 8°, bei anderen finden wir auch, wie für die Urticaceen typisch, zwei Systeme. Dann hat der innere Schichtkomplex eine Neigung von 2—5°, im Mittel 3,5° [171, 173, 235] — zum Vergleich Flachs: äußerer Schichtkomplex der sekundären Membran = rechtsläufig 9—11°, i. M. 10,1°, nächst innerer Komplex = linksläufig 4—6°, i. M. 5°. — Die Spiralstreifen lassen nicht selten zwischen sich klaffende lufterfüllte Spalten erkennen [81]. Auffallend sind bei den technischen Fasern ferner grobe Verschiebungen, nach Ansicht einiger Forscher bereits in der Pflanze ausgebildet [171], nach anderen fehlen sie an durch vorsichtige Mazeration erhaltenen Fasern [235].

Die Nesselfasern zeigen starke Doppelbrechung, so daß sehr lebhafte Interferenzstreifen der 1. und 2. Ordnung zu beobachten sind. Hierbei treten auch alle Störungen im Gefüge der Zellwand deutlich hervor, Spalten, Verschiebungen, Quer- und Längsrisse. Die Schichtung und Querstreifung der Wand, ebenso ihr fibrillärer spiraliger Aufbau sind auch bei nicht zu weit vorgeschrittener Quellung in Kuoxam gut zu beobachten [81].

Spinntechnische Eigenschaften der Nesselfasern

Man hat die Nesselfasern oft, besonders in den vielen populären und halbpopulären Aufsätzen während des ersten Weltkrieges überschwenglich als vollen Ersatz für die Baumwolle gepriesen. Daß sie das in diesem allgemeinen Sinne nicht sein kann und man bei ihrer Verarbeitung nicht ohne weiteres die der Baumwolle nachahmen darf, sondern die Verarbeitung der Eigenart des Baues der Nesselfasern anpassen muß, der von dem der Baumwolle abweicht, liegt auf der Hand. Es ist fraglos so, daß die Nesselfaser nicht für alle Zwecke die Baumwolle „ersetzen“ kann, daß es aber sicher auch manche Spezialgebiete gibt, für die sie sich besser eignet.

Es waren besonders O. JOHANNSEN 1919 [100] sowie CHR. WALZ 1919 [233], die auf Grund ihrer Untersuchungen zu dem Ergebnis kamen, daß die Nesselfaser spinntechnisch hinter der Baumwolle zurücktrete, für die Gespinstbildung und auch für den Verwebungsprozeß. Und zwar in erster Linie, weil sowohl ihre Dehnung als auch ihre Formfähigkeit (Biegsamkeit, Reibungszahl) recht viel geringer sind und auch wegen ihres Mangels an „Spinnsporen" (Rauhigkeit, Faltungen, Schuppen, Kräuselungen). Es fehle ihr also die „Spinnstruktur", wie sie in vollendetem Grade Baumwolle und Wolle besitzen. Bei der geraden Nesselfaser gehe infolgedessen während des Verspinnungsprozesses im Gegensatz zu Baumwolle und Wolle die Verlängerung der Faser auf Kosten der Substanzstreckung, sie werde dabei überanstrengt und könne bei der späteren Gebrauchsbelastung nur eine Minderleistung abgeben.

Sie fanden u. a. folgende Vergleichswerte:

Steifigkeit:	Baumwolle	1;	Wolle	1,5;	Nessel	2,21
Biegsamkeit:	„	1;	„	0,667;	„	0,452
Bruchdehnung:	„	8-9,5%;	„	40%;	„	1,5%
Reibungszahl (Faserstoff auf Faserstoff):	„	0,267;	„	0,301;	„	0,258

Nun machen genannte Forscher selbst darauf aufmerksam, daß die von ihnen vergleichsweise mit ermittelten Zahlen für Stapelfaser nur relative Geltung haben, weil diese in ihren Eigenschaften beträchtlich schwanken können. Das bezieht sich aber mutatis mutandis auch auf die damals untersuchte Nesselfaser, die von höchst minderer Qualität gewesen sein muß (nur „zum Teil kotonisierte Einzelfaser", vielfach Zellbündel, z. T. nur Zellbündel), so daß alle obengenannten Werte für ein tadellos aufgeschlossenes Fasermaterial, wie es bei den neuen Aufschließungsverfahren resultiert, wohl als überholt angesehen werden können. Die beanstandete geringe Biegsamkeit von 0,452 gegenüber 0,667 bei Wolle und 1 bei Baumwolle z. B. deutet auf durch „Pflanzenleim" verklebte Faserbündel hin. Und die neueren Angaben für Bruchdehnung 3,2 bis 3,7% (s. Tab. 9) sind doppelt so hoch wie die an dem damaligen schlecht aufgeschlossenen Material erzielte von 1,5%, allerdings noch wesentlich geringer als bei Baumwolle mit 7,6—11%.

Das geringe Dehnungsvermögen ist auch bei Beurteilung der Wirtschaftlichkeit der Nesselfaser zu berücksichtigen. In den ausgedehnten Verarbeitungsversuchen von WILLIAM SCHULZ, Spinnereidirektor in Zschopau i. S. 1920 [203a], mußten bei Verarbeitung von reiner gekämmter Nesselfaser auf dem Dreizylindersystem der Baumwollspinnerei die Maschinen langsamer arbeiten als bei Baumwolle. Auf den Selfaktoren von 700—800 Spindeln konnte nicht jede Spindel laufen, sondern nur eine um die andere, da bei öfterem Platzen des Fadens sonst die Faser immer die Nachbarn zur rechten oder linken Seite mit wegriß.

Im übrigen aber beurteilt W. SCHULZ die Nesselfaser sehr positiv. Sie erwies sich auf dem Dreizylindersystem als durchaus spinnfähig. Es wurden aus reiner Nesselfaser die Nummern bis zu 60er engl. hergestellt, hauptsächlich aber Nummer 18, 20, 24 und 30er. Das Aufschließungsverfahren zeigte, wie zu erwarten, großen Einfluß auf die Spinnfähigkeit; bei ungünstiger Aufschließung verursachten in größerer Menge vorhandene Holzscheben auf dem Fleyer oder Selfaktor Platzen des Fadens. W. SCHULZ behandelte die vorcardierte Nesselfaser wie Baumwolle und ließ sie den Weg von der Schlagmaschine bis zum Selfaktor oder Ringtrossel durchlaufen. Er weist darauf hin, daß sie bei der Verarbeitung, besonders beim Kämmprozeß, außerordentlich elektrisch wird und daß man deshalb während des Verspinnprozesses größte Aufmerksamkeit auf Wärme und Feuchtigkeit zu richten habe. Im übrigen verspinne sich jede Nesselfaserpartie anders je nach Alter und/oder Herkunft und Aufschlußverfahren. Man müsse in der Reinnesselspinnerei die Maschinen in den verschiedenen Arbeitsprozessen der Nesselfaser anpassen, wozu außerordentlich viel Energie und Liebe zur Sache seitens der technischen Leitung, der Meister und der Arbeiter gehöre.

Die weitere Verarbeitung von Reinnesselgarn in der Weberei, Wirkerei und Zwirnerei bereitet nach W. SCHULZ keinerlei Schwierigkeiten. Beim Waschen und bei Appretur wird das Aussehen der Ware außerordentlich erhöht, und in der Färberei beanspruchen Gespinste oder Waren aus reiner Nesselfaser weniger Farbstoffe bei leuchtenderen Farbeffekten als bei Baumwolle. Nesselfaserwaren zeigen dem Aussehen nach Leinencharakter, jedoch scheint Nessel ein wesentlich schlechterer Wärmeleiter zu sein als Wolle, denn die Wärmeerzeugung auf dem Körper ist eine viel höhere. Während Lein auf dem Körper kühlt, wärmt Nessel. Das gilt auch für Stoffe aus Mischgarn; je höher die Beimischung von Zell- oder Baumwolle, desto erhöhtes Wärmegefühl.

Während des zweiten Weltkrieges hat man dann aus den nach verbesserten Verfahren gewonnenen Nesselfasern bzw. Nesselgarnen die verschiedenartigsten Gewebe rein oder in Mischung mit Baumwolle oder Zellwolle — Baumwolle ist für Nessel die geeignete Mischfaser [233] — hergestellt, besonders hochbeanspruchte Spinnstoffe für die Wehrmacht, Zeltbahnstoffe (+ $1/3$ Zellwolle), Rucksäcke, Drillich, leichter Tropenköper, dann aber auch Handtücher, unübertrefflich weich und von ausgezeichneter Aufsaugefähigkeit und Haltbarkeit, Binden, Strümpfe, „knitterfreie" Kleiderstoffe, Stoffe für Ärztemäntel, Hemdenstoffe, Bettlaken, sogar feste Stricke, also eine bunte Auswahl wichtiger Gebrauchstextilien.

Tabelle 9. Spinntechnische Eigenschaften der Nesselfasern nach O. SCHMIDHÄUSER 1936 [197/98]

	Feinheit		Festigkeit trocken		
	Nm[1])	Nd[2])	Pg[3])	Rkm[4])	Pkg/mm² [5])
Nessel	1910	4,73	23 *)	49—54	75
	1530	5,89	24	37	57
	540—986			39	30—40
	1204—1600		27	40—50	50—60
	2140—2220			35	68—74
Ramie	1409 1600	6,39 5,62	42 38	59 61	91 95
Flachs	510	17,81	111	57	84 70
Hanf	450	20,00	136	61	90 65—70
Flachs-Cottonin	3800 2900	2,37 3,11	12 14	45 40	66 60 50—55
Hanf-Cottonin	3900 2200	2,31 4,10	11 18	41 39	61 57 40—50
Baumwolle					
Sea Island	9200	0,978	5,8	53	80
Luisiana	5900	1,525	5,7	34	50
Mako	5500	1,622	5,9	33	49
Adana	3700	2,430	6,4	24	35
China	2400	3,750	8,3	20	30
Wolle bis	619 2300	14,55 3,91	26,3 5,2	16 10	14 22

[1]) Nm = Faserfeinheit = $\frac{\text{Anzahl Fasern} \times \text{Länge}}{\text{Gewicht}}$ [2]) Nd = Denier = $\frac{9000}{\text{Nm}}$

[3]) Pg = Faserfestigkeit = Festigkeit der Einzelfasern (als Vergleichswert nur bei Fasern von gleicher Feinheit und spez. Gewicht brauchbar) [4]) Rkm = Substanzreißlänge = $\frac{\text{Nm} \times \text{Pg}}{1000}$, sehr guter Gradmesser für die Substanzfestigkeit der Faserstoffe,

im Vergleich zu anderen Spinnfasern
ergänzt durch [1], [7], [21], [81], [169a], [172]

Festigkeit naß			Naßfestigkeit % der Trockenfestigkeit	Dehnung %		Spezifisches Gewicht
Pg	Rkm	Pkg/mm²		trocken	naß	
22	45	69	93 92	3,2 3,7	4,5	1,53
49 44	69 71	107 109	119 116	2,3 2,3	2,4 2,3	1,55
117	60	88	106	1,8	2,2	1,48
			106	1,7		1,48
12	46	68	102	3,4	3,9	1,47
11	42	62	104	3,2 4,2	4,0	1,48
6,0 5,8 6,0 9,2	55 34 33 22	83 51 50 33	103 101 102 110	7,6 11,0 8,0 10,0 8,1	8,2 10,9 9,0 8,3	1,50
17,4 4,2	13 9	17 2	97 78	48,3 28,0	60,5 34,8	1,32

da sie einen Vergleich sämtlicher Faserstoffe untereinander gestattet, unabhängig von Feinheit, Dicke und spez. Gewicht) [5]) Pkg/mm² = Substanzfestigkeit, bezieht sich lediglich auf den Querschnitt = $\frac{\text{Einzel(-Faser)-Festigkeit}}{\text{(Faser)-Querschnitt}}$

*) Nach anderen uns vorliegenden Untersuchungen 15—105, im Mittel von 100 Einzelfaser-Untersuchungen = 56 [1]

VI. NUTZUNG DER NESSELPFLANZE FÜR ARZNEI-, FUTTER- UND TECHNISCHE ZWECKE

Ebenso alt, wenn nicht älter als die Verwendung der Großen Brennessel als Faserlieferant ist ihre Nutzung für mancherlei andere Zwecke. So hat vor allem die Anwendung verschiedener Teile der Pflanze in der Heilkunde und im Volksaberglauben sehr früh Eingang gefunden[1]). Den alten Griechen war die Nessel als „akalephe“ oder „akalyphe“ und „knide“ bekannt, worunter aber auch die im Mittelmeergebiet vorkommende Pillennessel (*Urtica pilulifera L.*) fällt, die von *Dioscurides* gegen verschiedene Krankheiten empfohlen wurde. Weit verbreitet war jedoch im deutschen Sprachgebiet Kenntnis einer angeblichen Wirkung der Nessel als Mittel gegen überirdische Kräfte. H. MARZELL 1927 [144], 1938 [145] hat eine große Anzahl der im Volksaberglauben verankerten „Rezepte“ über die Wirkung der Nessel als „sympathetische“ Medizin bei Krankheiten und Gebrechen sowie als „Abwehrmittel“ gegen böse Mächte und Hexen gesammelt und veröffentlicht.

So wird von ihm z. B. erwähnt, daß die Nessel im niederdeutschen Raum als „Dunnernettel“ bezeichnet und in Zusammenhang mit Blitz und Donner gebracht wird. Die Nessel soll vor allem an Bodenstellen wachsen, wo die Wünschelrute stark ausschlägt. Man führte das auf starke „Erdstrahlen“ zurück und glaubte, daß Schnittpunkte solcher „Strahlenlinien“ bevorzugte Blitzfangpunkte seien. Plausibler wäre Wirkung unterirdischer Wasserläufe.

Auch Fähigkeit zur Vertreibung böser Geister im Stall, zum Schutze des Viehes, wird der Nessel zugeschrieben; beim Bierbrauen soll ein Strauß frischer Nesseln am Rande des Bottichs das Sauerwerden des Bieres verhindern, und so ließen sich viele weitere Beispiele bringen [169a].

In Österreich werden zur Sonnwendzeit Stall und Häuser mit Nesseln ausgeräuchert. Im Stall legt man Nesseln unter die Kühe, auf und unter die Melkschemel, z. T. gibt man sie auch den Kühen zum Fraß. Von allen diesen Rezepten, Vorschriften usw. haben sich dann später unter kritischer Betrachtung einige halten können, so daß es zweckmäßig erscheint, die Verwendung der Nessel unter verschiedenen Gesichtspunkten zu betrachten.

In der älteren Literatur [17, 84, 144] findet sich eine große Anzahl von Angaben über die Verwendung der Nesseln als Arzneipflanze, für Nahrungszwecke, zur Verfütterung, zum Färben usw. Aus allen diesen Quellen geht aber hervor, daß die Nessel wohl vor allem ihre Wirkung in der Heilung bestimmter Krankheiten sowie als besonders wertvolles Futtermittel gezeigt hat.

---

[1]) *„Was ist holtseliger denn ein Hyacyntus, ein Narcyssus, ein Gilgen? Noch denn übertrifft die Nessel disse allesammet.“* (OTTO BRUNFELS 1539) [s. 63].

Um welche der beiden Nesselarten, *Urtica dioica L.* oder *U. urens L.* es sich bei den einzelnen Angaben handelt, ist in der Literatur oft nicht genau angegeben. Heute wird die Droge Herba Urticae sowohl von der Großen Brennessel, *U. dioica L.*, als auch aus *U. urens L.* hergestellt.

Verwendung als Arzneipflanze

Schon im Altertum war die medizinische Verwendung des Nesselkrautes bekannt. PLINIUS gab in seiner Historia naturalis an [111], daß besonders die Nesselwurzel, als Pulver in die Nase geschnupft, den Blutfluß zu stillen vermag. Weiter wird nach DIOSCURIDES [s. 96] der Droge Herba Urticae in der alten Volksheilkunde neben der blutstillenden Eigenschaft vor allem harntreibende, erweichende sowie menstruationsfördernde Wirkung zugeschrieben. Sie soll sich bewähren gegen Hundebiß, krebsartige Geschwüre, Furunkeln, Drüsenanschwellungen, Milzerkrankungen, Asthma sowie Brustfell- und Lungenentzündung. Auch Haut- und Munderkrankungen sollen geheilt worden sein.

Mittelalterliche Kräuterbücher [15, 16] sowie Pfarrer Künzle u. Pfarrer Kneipp nennen im wesentlichen ähnliche Indikationen und erwähnen dazu noch die haarwuchsfördernde Wirkung von Nesselinfusen oder Auszügen.

Viele Erkrankungen wurden durch äußere Anwendung frischgeschnittener Nesseln, sog. Urtication (Peitschen mit Brennesseln), zu heilen versucht, die allerdings nach H. SCHULZ 1929 [204] keine spez. Wirkung der Nessel sein soll, sondern nur als intensiver Hautreiz, der wie viele andere, tiefer gelegene Schmerzempfindungen vorübergehend oder dauernd aufheben kann. Diese Anwendungsweise führte häufig zu örtlichen Vergiftungserscheinungen, zuweilen sogar mit ernsterem Charakter. O. GESSNER 1953 [69] erwähnt eine, unter besonderen Umständen erfolgte tödliche Vergiftung bei einem zur Strafe mit Brennesseln gepeitschtem Kind. Nach F. FLURY 1927 [65] werden die Nesseln ebenso wie die Nesseltiere des Meeres wegen ihrer lokalreizenden Wirkung gegen Rheumatismus, Neuralgien, Lähmungen u. dgl. als Volksheilmittel in zahlreichen Ländern gebraucht. Nach ihm sollen sich in der veterinär-medizinischen Literatur Angaben über schwere Erkrankungen von Hunden finden, die längere Zeit durch Nesselbestände gestreift waren. Es kam dabei zu Lähmungen und Krämpfen und sogar tödlichen Vergiftungen. Bei eigenen Nesselforschungsarbeiten benutzten die der Brennwirkung ausgesetzten Personen, deren Empfindlichkeit individuell verschieden war, zur Linderung des Juckreizes der bis zu 10—12 Stunden und länger anhalten konnte, mit gutem Erfolg eine wässerige Lösung von essigsaurer Tonerde. (Vgl. a. S. 8.) Über die Natur des Nesselgiftes, das die Reizwirkung ausübt, und von dem man früher annahm, daß es sich hierbei um Ameisensäure [69] bzw. um ein Gemisch dieser mit einem Enzym handelte [160], hat besonders F. FLURY 1927 [65] berichtet. Nach besonderem Verfahren gewann er aus 100 kg frischen Nesseln etwa 40 g Brennhaare, deren Analyse ergab, daß sich im sauren Zellsaft neben geringen Mengen von Ameisensäure und anderen flüchtigen Fettsäuren, wie Essigsäure, Buttersäure und dgl., das eigentliche Nesselgift befindet. Es wurde zunächst als eine nicht flüchtige, ungesättigte, stickstofffreie Verbindung beschrieben, die in ihrer Beschaffenheit den Harzsäuren ähnelt. N. EMMELIN u. W. FELDBERG 1947 [58] wiesen Acetylcholin, Histamin und eine nicht näher identifizierte Verbindung im Zellsaft der Brennhaare nach, und bestimmten die physiologischen und einige physikalisch-chemische Eigenschaften der Stoffe. Histamin ist in der Brennhaarflüssigkeit zu 0,002—0,001 µg, Acetylcholin 0,01 µg und mehr enthalten. Die Brennwirkung auf der Haut konnte nur bei gleichzeitiger Injektion beider Stoffe erzielt werden; eine Mitwirkung von Ameisensäure bzw. eines enzymatischen Nesselgiftes war nicht erforderlich. Die Bedeutung der dritten, zunächst nicht näher definierten Substanz, die zusammenziehend auf die Muskulatur wirkt, konnte noch nicht ermittelt werden. In einer weiteren Arbeit [59] wurde versucht, den Anteil von Histamin und Acetylcholin in den einzelnen Organen von *U. dioica* und *U. urens* festzustellen. Sie fanden z. B. bei *U. urens* in den Blättern und in der Außenrinde der Haupt- und Nebenwurzeln Acetylcholin in einer Konzentration von etwa 1:50000 und Histamin von etwa 1:10000. Bei *U. dioica* fehlt diese gleichmäßige Verteilung, so findet man Acetylcholin in Blättern und assimilierender Stengelrinde in der Konzentration 1:40000, in den Nebenwurzeln 1:9000, im Rhizom 1:2000, in der Rinde und im Siebteil 1:250. Der Histamingehalt schwankt von 1:60000 in den Blättern und 1:250000 in der assimilierenden Stengelschicht. Ein Haar von *U. dioica* enthält etwa 0,04—0,07 γ Acetylcholin. Die alleinige Anwesenheit von Histamin und Acetylcholin kann nach H. HAAS 1951 [73] nicht die Brennwirkung der Nessel erklären, denn es zeigte sich, daß Antihistaminica in ihrer Gegenwirkung auf einen Brennesselstich restlos versagten, trotzdem sie die juckenden und brennenden Reize, die beim Einspritzen einer Mischung von Histamin und Acetylcholin auftraten, unterdrücken konnten. Er nimmt mit Sicherheit an, daß für die Auslösung der Brennesselgiftwirkung neben Histamin und Acetylcholin noch Harzsäuren, Ameisensäure und Natriumformiat unter Mitwirkung einer Laevo- bzw. Dextroprimärsäure Bedeutung haben können. Wenn diese Bestandteile gesamt auf die Haut gebracht bzw. injiziert wurden, so war die Wirkung eines Antihistaminicums viel schwächer als wenn nur Histamin und Acetylcholin allein verwendet wurden (s. auch [14]).

Interessant ist in diesem Zusammenhang, daß durch anhaltende Histaminapplikation eine aktive arterielle Hyperämie der Haut erzeugt wird [255]. Darauf wird wohl auch die günstige Wirkung des Histamins bei Migräneanfällen beruhen; durch Histamin-Iontophorese soll nach 3—5 Minuten völlige Schmerzfreiheit erzielt werden [54].

Während also der eigentliche Wirkungsvorgang des Nesselreizes auf die Beeinflussung bestimmter Krankheitszustände noch ziemlich ungeklärt erscheint, sind weitere pharmakologische Eigenschaften der Nessel gründlicher erforscht. Wie erwähnt, war die blutstillende Wirkung der Droge schon im Altertum und Mittelalter bekannt. So wurde zur äußerlichen Behandlung ein alkoholischer Brennesselextrakt als „Liquor haemostaticus" empfohlen [3]. Er sollte kleinere Blutungen schnell zum Stehen bringen und sich vorteilhafter als Eisenchlorid erweisen, da er das Blut in ein weiches, zusammenhängendes, nicht bröckliges Gerinnsel überführt. Ein ziemlich gleiches Nesselpräparat soll früher unter dem Namen „Liquor Binelli" benutzt worden sein.

Die blutstillende Wirkung der Nessel wird später auch von verschiedenen Forschern [142, 185] erwähnt. Zum innerlichen Gebrauch in der gynäkologischen Praxis bei klimakterischen und anderen Blutungen hat W. RIPPERGER 1937 [186] folgende Teemischungen empfohlen:

Rhizom. Tormentill. conc.. . .	30,0
Herb. Equiset. conc.	30,0
Herb. Urticae conc.	
Herb. Polyg. hydropip. conc.	
Flor. Calendul. conc.	aa ad 100,0

oder: Herb. Urticae conc.	20,0
Herb. Polygon. hydropip. conc.	
Herb. Capsell. burs. pastor. conc . .	aa 30,0
Visc. alb. conc.	
Herb. Rutae conc.	aa 10,0

Nach W. DEMITSCH 1889 [46] sollen in Rußland frische Säfte und Abkochungen auch von *U. urens* gegen Blutungen getrunken werden. Bekannter ist die Anwendung als Diuretikum, die von verschiedenen Forschern erwähnt und gepriesen wird [115, 234]. Eingehender beschäftigt mit der Wirkungsweise der Nesseln auf den Harnsäurestoffwechsel haben sich in neuerer Zeit E. KEESER 1940 [104] u. R. JARETZKY 1942 [96]. Von erstem wurde der Einfluß von Brennnesselextrakt auf den Harnsäurespiegel bei Gänsen und Enten geprüft (50 g Droge mit 700 ccm 50% Alkohol extrahiert und eingedampft und: A) Rückstand in NaCl-Lösung, B) Rückstand in Petroläther gelöst). Lösung A bewirkte Absinken, Lösung B Ansteigen des Bluthamsäurespiegels. Es scheint somit, daß in Anbetracht der gefäßerweiternden und diuretischen Wirksamkeit dieser Auszüge die Lösung A Harnsäure in vermehrter Menge zur Ausscheidung bringt. Die Zunahme des Blutharnsäuregehaltes durch Lösung B kann dadurch zustande kommen, daß diese Lösung eine Ausschwemmung von Harnsäure aus dem Gewebe ins Blut bewirkt, entweder durch ihren gefäßerweiternden Einfluß, oder durch Schaffung geeigneter Lösungsbedingungen für die Harnsäure. Ferner kann Harnsäure in größerer Menge ins Blut gelangen, wenn sie im Gewebe in abnormem Umfang in Freiheit gesetzt wird, was evtl. durch Aktivierung der Fermente des Purinstoffwechsels möglich wäre, für das Ferment Urikase trifft das allerdings nicht zu [104].

Angeregt durch die Mitteilung von H. WANTOCH 1935 [234], der mit Nesseltee (1 Teelöffel Droge auf 200 ccm Wasser) einen ausgezeichneten Effekt bei einem 32jährigen Patienten erzielte, prüfte R. JARETZKY 1942 [96] die diuretische Wirkung von 5 und 10%igen Brennesselinfusen an Ratten. Bei dem 5%igen Infus stieg die Harnausscheidung von 37,1% (an Wassertagen) auf 41,5% (an Teetagen), bei 10%igem Infus sank sie von 34,1% (an Wassertagen) auf 33,7% (an Teetagen). Wenn die geringe Erhöhung der Harnausscheidung um etwa

10% durch den 5%igen Infus auch kaum als Beweis für einen diuretischen Effekt der Droge zu werten ist, scheinen nach Untersuchungen von KRUSE [s. 96] die Nesselinfuse für den gesamten Stoffwechsel doch nicht ohne Bedeutung zu sein, da sie die Ausscheidung fester Harnbestandteile fördern (bestimmt durch Erhöhung des spez. Gew. des Harnes). Die Chlorausscheidung wurde durch Verabreichung eines 10%igen Infuses beträchtlich gesteigert, und auch die Ausscheidung von Harnstoff um ca. 25% vermehrt. Dies stellt zweifellos eine Reinigung von Stoffwechselschlacken dar, so daß Verwendung der Nessel als Blutreinigungsmittel gerechtfertigt wäre. Für diuretische und blutreinigende Wirkungen werden von G. MADAUS 1938 [142] folgende Teemischungen empfohlen:

Bei *Nierengrieß:* Herb. Urticae
Herb. Equiseti
Herb. Millefolii aa 30,0

Zur *Frühjahrskur:* Fol. Urticae
Flor. Sambuci
Flor. Pruni spinosae aa 20,0
Fol. Betulae 40,0

und auch weitere Hinweise und Erfahrungen in der speziellen Anwendung gegeben.

Die Wirkung der Droge bzw. der Extrakte auf den Darmtraktus wurde von E. KEESER 1940 [104] ebenfalls untersucht und festgestellt, daß bei schwachen Konzentrationen ein vorübergehendes Absinken der Darmpendelbewegungen eintritt, was mit den Angaben von NEMORI [s. 115] u. G. LUDWIG 1945 [139] übereinstimmen dürfte und im Gegensatz steht zu den Beobachtungen von E. STARKENSTEIN u. TH. WASSERSTROM 1933 [214]. Dagegen ist R. JARETZKY 1942 [96] der Ansicht, daß stärkere Infuskonzentrationen (20%) laxierend wirken können, da an Ratten eine Erhöhung der Kotausscheidung festgestellt wurde. Die gleichfalls an Ratten erzielten Ergebnisse seiner Untersuchungen über angeblich obstipierende Wirkung der Nessel lassen nicht erwarten, daß sie beim Menschen Diarrhöe heilen kann.

Günstige Wirkung auf die Harnwege übte nach E. RÜCKLE 1950 [190] ein Aufguß von Brennesselwurzeln aus. Er beseitigte bei einem 78jährigen Patienten eine Harnstauung restlos und wurde in über ein Dutzend Fällen später mit Erfolg bei beginnender Prostatitis angewandt (vgl. aber Harnverhaltung durch *U. urens* — S. 101[1]).

Die von A. MARX u. E. ADLER 1926 [146] beobachtete blutzuckersenkende Wirkung der Nessel und ihrer Zubereitungen werden von A. HAZNAGY 1943 [80] als nicht immer zutreffend und nicht spezifisch für die Nessel hingestellt. Auch KEESER konnte in seinen Versuchen diese Wirkung nicht bestätigen.

Die von H. SCHULZ 1929 [204] berichtete Förderung der Milchsekretion nach Trinken einer Abkochung von 50 g frischen Nesselblättern, stellt wahrschein-

[1]) Über einen Vergiftungsfall nach Genuß von Brennesseltee, der zu 70% mit Fol. Stramonii (Stechapfel) verfälscht war, hat A. SCHMIDT 1943 [199] berichtet.

lich nur einen Einzelfall dar, wenngleich auch TH. MILDNER 1942 [152] in seiner Aufzählung der pflanzlichen Laktationsmittel den Samen der Brennessel als wirkungsvoll annimmt. P. FOURNIER 1948 [66], der übrigens eine sehr umfassende und ausführliche Beschreibung der Anwendungsgebiete der Nessel in der Medizin neben einer historischen Übersicht bringt, bezeichnet die Nesselsamen als gefährlich; 20—30 g sollen Diarrhöe erzeugen. Nach L. KROEBER 1934 [115] soll in der Homöopathie das frische Kraut der Nessel, die von ihm auffälligerweise in die Gruppe der Kieselsäuredrogen eingereiht wird, zur Bereitung von Essenz zum innerlichen Gebrauch u. a. bei Milchmangel nach der Entbindung benutzt werden. G. MADAUS 1938 [142] gibt an, daß Urtica als Galaktogum in größeren Dosen, in geringeren Gaben gegen Galaktorrhöe verordnet wird.

Den allgemeinen Chemismus der Fluidextrakte der Nessel hat L. KROEBER 1927 [114] untersucht. Sie weisen ein spez. Gew. von 1,024 und bei 12,45% Extrakt einen Aschegehalt von 2,25% auf. Weiter gibt er an, daß der Fluidextrakt aromatisch-bitterlich, süßlich, später brennend, kratzend schmecke, aromatisch, etwas nach Aminen rieche und dunkel-rotbraune Farbe habe. Die Extrakte reduzieren Fehlingsche Lösung. Eisenchlorid ruft eine beträchtliche Fällung von schmutzig-grüner Farbe hervor, ebenso Gerbsäurelösung. Hämolytische Eigenschaften weist der Extrakt nicht auf.

Eine gute Urtica urens-Tinktur sollte nach Madaus etwa 20 FD[1]) pro ccm enthalten. Hinsichtlich der Erhaltung der Fermente in Zubereitungen aus Urtica wurde festgestellt, daß im „Teep"-Präparat[2]) die Peroxydase besser erhalten war, als in der homöopathischen Urtinctur. MADAUS gibt als übliche Dosen an: 100—125 g des Saftes, 2—4 Teelöffel des Fluidextraktes, 3—4 Teelöffel (= 4,8 g) des Krautes zum heißen Infus täglich, 1 Teelöffel voll von der Frischpflanzenverreibung „Teep" dreimal täglich. In der Homöopathie bis dil. D_1, Maximaldosis nicht festgesetzt. Es werden von ihm eine ganze Reihe von Anwendungen auf Grund von Literaturberichten und Rundfragen aufgezählt, die jedoch wiederzugeben zu weit führen würde. E. STARKENSTEIN u. TH. WASSERSTROM 1933 [214] prüften „alte vertrocknete" Urtica auf ihre Wirksamkeit, sie erwies sich pharmakologisch in jeder Hinsicht als nahezu unwirksam. Dagegen waren Extrakte aus frischen Pflanzen, die abgeblasen und lufttrocken aufbewahrt wurden, selbst nach einem Jahr noch wirksam.

Die Aufgüsse von Nesseln werden im allgemeinen gut vertragen, allerdings erwähnt L. LEWIN 1929 [124], daß in einem Fall nach Trinken einer Abkochung von *U. urens* ein Gesichtsekzem auftrat und sich Harnverhaltung einstellte. Ein

---

[1]) Froschdosis = Menge eines Herzgiftes, die beim Grasfrosch von etwa 30 g innerhalb 30 Min. systolischen Herzstillstand bewirkt.

[2]) Teep = Abkürzung für Teepulver. Frischpflanzenverreibung mit Zucker oder ähnlichen den Frischzustand erhaltenden Zusätzen, die nach besonderem Verfahren getrocknet werden. Zur Gewinnung werden blühende, frische Pflanzen beider Arten mit Wurzeln genommen. Diese Zubereitung ist auf 50% Pflanzensubstanz eingestellt.

alkoholisch-wässeriger Auszug (*U. dioica*) in die Jugularvene von Hunden injiziert, verursachte schon nach einigen Minuten heftiges Jucken und häufiges Niesen. Die Juckanfälle dauerten etwa 15 Minuten; eine zweite Injektion am nächsten Tage hatte einen wesentlich geringeren Effekt. Es war also eine Gewöhnung an die Reizstoffe eingetreten (vgl. auch S. 8).

Die Frage der blutbildenden Wirkung der Nessel bzw. der daraus gepreßten Rohsäfte (Schoenenberger) prüfte R. Cremer 1934 [44] eingehend an Kaninchen und Meerschweinchen, da die Feststellung des Blutbildes dieser Tiere einfach ist. Nach künstlicher Anämisierung wurden die Tiere chlorophyllfrei ernährt und erhielten in der Versuchsgruppe a) Normalkost und als Zulage Pflanzensäfte 1. Spinat, 2. Brennessel, b) nur Normalkost ohne Pflanzensäfte (Kontrolle). Als Ergebnis dieser Versuche, bei denen 10 ccm/Tag Pflanzensäfte pro Tier verabreicht wurden, war festzustellen, daß durch Brennesselsaft die Restitution der Blutkörperchen in gleicher Weise erfolgte wie durch Spinatsaft und nach durchschnittlich 20 Tagen beendet war. Bei Kontrollieren dauerte sie im Mittel 6 Wochen. Parallelversuche mit Eisenpräparaten ergaben keine besseren Resultate als mit den Pflanzensäften allein. Die blutbildende Eigenschaft des Brennessel- und Spinatsaftes dürfte auf den Gehalt an Eisen und Chlorophyll zurückzuführen sein.

Brennesselsaft wird weiter bei Kuren zur Blutreinigung und zur Entfettung empfohlen; er wird lt. Prospekt einer Herstellerfirma ohne jeden chemischen oder Wasserzusatz zur Zeit des höchsten Wirkstoffgehalts nach „biologischem Anbau" auf eigenen Kulturflächen gewonnen.

Eine weitere Anwendungsweise der Nesselwirkstoffe ist in Form von Brennnessel-Dragees gegeben, die nach Angaben der Herstellerfirma [166] aus Extrakt und Pulver ungefärbt auf kaltem Wege hergestellt werden. Für den Extrakt findet frisches Material von eigenen Anbauflächen Verwendung, getrocknetes Rohmaterial stammt meistens aus Wildbeständen.

Im allgemeinen wird bei der Anwendung von Brennessel-Rohzubereitungen Abwechslung mit Löwenzahn (Taraxacum)-Zubereitungen empfohlen, um die Wirksamkeit bei Blutreinigungskuren zu erhöhen. Über das wirksame Agens dieser Säfte ist nicht allzu viel bekannt, jedoch dürfte u. a. der Chlorophyllgehalt der Brennessel mitwirken. Nach zahlreichen Versuchen verschiedener Forscher steht es fest, daß extrahiertes Chlorophyll viel rascher und leichter resorbiert wird als in Pflanzengewebe eingeschlossenes Chlorophyll. Daher eignen sich für eine wirksame Chlorophylltherapie nach Ansichten von E. Bürgi 1932 [41] keine Gemüse, wie Spinat usw. und ist auch Blattpulver als nutzlos zu betrachten. Y. Kitahara 1925 [106] konnte, wenn er täglich 500 g Spinat und 400 g Grünkohl zu sich nahm, keine Chlorophyllabbauprodukte (Porphyrine) im Harn nachweisen. Es schien von Interesse, das Vorkommen von Porphyrinen im Harn nach dem Genuß von Pflanzensäften zu verfolgen. Bei Versuchen mit Kaninchen zeigte sich, daß nach der Verabreichung von Brennessel- und Spinatsaft Porphyrine im Harn auftraten. Diese Pflanzensäfte würden sich daher zur Durchführung einer wirksamen Chlorophylltherapie eignen. Sie sollen tonisierende Wirkung ausüben, den Appetit vermehren und ein gesteigertes Kraftgefühl sowie besseres Allgemeinbefinden herstellen [41].

Weitere Hinweise über die Verwendung der Nesseln in der Heilkunde und verwandter Gebiete finden wir z. T. in der Patentliteratur. So soll z. B. ein alkoholischer Auszug (10 g Urtica, 100 g Alkohol), mit Wasser im Verhältnis 1:10 verdünnt, sich als Therapeuticum bei der Behandlung von Brandwunden bewähren [130], allerdings wird dieses auch schon von der Homöopathie empfohlen.

Zur Förderung des Haarwuchses ist von jeher ein Auszug aus Brennesselwurzeln gepriesen worden und es kommen solche unter der verschiedensten Bezeichnung in den Handel. In der neuen Patentliteratur finden wir z. B. unter Nr. 832793 (WALTER [232]) folgende Angabe: „Herstellen eines Haarwuchsmittels: Als Ausgangsmaterial dienen verschiedene Heilkräuter u. a. auch *Urtica dioica.*"

Ein gutes Haarwuchsmittel ergeben nach P. FOURNIER 1948 [66] Dekokte der Nessel, Mazerationen der Wurzel in Alkohol (60 g + 60 g Origanum auf 1 Liter). Man läßt die alkoholische Mazeration etwa 14 Tage an der Sonne stehen, zur Verwendung mischt man 3 Eßlöffel dieses Auszuges mit $^1/_4$ Liter Wasser. Interessant ist die Angabe von H. HARMS 1955 [77], daß in manchen Gegenden Rußlands ein mit Essig bereiteter Aufguß der Nessel als Mundwasser dienen soll. In der Homöopathie [90] werden Nessel-Essenzen aus gleichen Gewichtsteilen ausgepreßten Saftes der frischen blühenden Pflanze und 90% Weingeist bereitet. *U. urens* liefert eine Essenz von brauner Farbe mit unangenehmem Geruch und scharfem Geschmack, *U. dioica* eine solche von rotgelber Farbe, ohne besonderen Geruch und Geschmack.

Nach H. SCHULZ 1929 [204] sind unter dem Namen Urtikol und Urtikolin Blattauszüge (*U. urens*) im Handel gewesen, die innerlich genommen gegen chronische Urticaria wirksam sein sollten. Ebenso sind nach W. RIPPERGER 1937 [186] gute Erfolge bei juckendem Hautausschlag durch Absud aus frischem Nesselkraut erzielt; er nimmt nicht nur rein äußerliche, sondern perkutane Wirkung an.

Der Bedarf von 30 deutschen Großhandelsfirmen an Herba und Folia Urticae betrug nach den Angaben von H. u. J. VOLLMER 1952 [228] auf der Grundlage des Jahres 1935 zusammengestellt: Brennesselblätter = 148000 kg und Brennnesselkraut = 150000 kg. Nach neueren Schätzungen [42] werden ca. 100000 kg getrocknete Brennesselblätter jährlich eingeführt, wobei der größte Bedarf allerdings bei der industriellen Chlorophyllherstellung liegt.

Im Jahre 1937 wurden von Mai—Dezember folgende Mengen gesammelt: [126]:

	frisch	*trocken*
Brennesselkraut	51843 kg — 4 RPfg.	70801 kg — 25 RPfg.
Brennesselwurzeln	343 kg — 5 „	746 kg — 27 „
Brennesselblätter	4637 kg — 6 „	2123 kg — 33 „
Brennesselsamen	125 kg — 6 „	347 kg — 50 „

Die Einsammlung wildwachsender Brennesselblätter hat in Deutschland nahezu aufgehört, da wegen des billigen Preises auf Importware zurückgegriffen wird.

Ein Anbau von Nesseln findet in Deutschland heute nur noch für spezielle Zwecke, z. B. für die Gewinnung von Pflanzensäften, statt. In Württemberg wurden lt. Feststellung des Stat. Landesamtes Stuttgart im Jahre 1954 rd. 156 ha Brennesseln angebaut [8].

Verwendung als Futterpflanze

Die gute Eignung der Nessel als Viehfutter ist schon frühzeitig erkannt worden, trotzdem die Erforschung ihrer chemischen Zusammensetzung erst viel später erfolgte und diese Bevorzugung klarlegte. Im allgemeinen wird in den älteren Schriften [2, 13, 79, 109, 238] hauptsächlich ihre Verwendung als Geflügelfutter empfohlen, so sollen z. B. Nesselsamen, sogar vermahlene Nesselstengel, unter das Futter gemischt, die Eierproduktion anzuregen vermögen. Eine noch bessere Wirkung wird den in Wasser gekochten und wieder getrockneten Blättern nachgerühmt. Ganz allgemein wurde angenommen, daß Vieh bei Zufütterung mit Nesseln von Seuchen verschont blieb. Speziell für Pferde wurde folgende Vorschrift (1756) bekannt gegeben: Der Nesselsame, an der Luft getrocknet, gibt den Pferden nicht nur ein sehr glänzendes Haar, sondern sie werden auch bei munterem Aussehen sehr stark. Man gibt ihnen wöchentlich 2—3 mal, morgens und abends, 2 Hände voll unter angefeuchteten Hafer gemengt [79]. Sogar V. Hugo erwähnt nach Tarle [219] in seinem Roman „Les Misérables" die vielseitige Anwendung der Nessel als Futterpflanze.

In neuerer Zeit ist, namentlich zur Zeit der Futterknappheit während des ersten und zweiten Weltkrieges, erneut auf den Wert als Futterpflanze hingewiesen worden [123, 207] und es hat nicht an Versuchen gefehlt, ihre Eignung hierfür durch eine Anzahl von Analysen zu belegen. Daß diese Analysen z. T. recht erheblich in den einzelnen Werten voneinander abweichen, geht aus folgender Übersicht hervor (vgl. Tab. 10). Der Grund liegt in dem verschiedenartigen Material das zur Untersuchung gelangte, z. B. in jungem, frischen oder in ausgereiftem, wohlmöglich abgestorbenen Zustand, oder auch, ob es sich nur um Blätter oder das ganze Kraut handelte. So sind denn auch die Angaben über angebliche Fütterungserfolge verschieden zu werten. O. Richter 1916 [178] gibt nur allgemeine Mitteilungen über diese Versuche; es soll nach ihm Milchvieh ausschließlich mit Nesselknickabfällen gefüttert worden sein und dabei gute Milchleistung gezeigt haben, die gewonnene Butter war vorzüglich. Er schreibt weiter, daß auf Anregung Grafes das trockene Blattmehl mit Haferschrot und Kartoffelmehl zu Dauerfutter für Pferde gemischt wurde. In den genannten Knickabfällen waren enthalten: 12% Rohprotein, 6% Stärke, 8% Kalk, 1,3% Fett.

Diese Angaben stimmen ganz gut überein mit Analysen, die von der Nesselanbau-Gesellschaft in Berlin 1918 [1] vorgenommen wurden, und zwar wird für Nesselscheben (Knickabfälle) angegeben:

auf wasserfreie Trockensubstanz berechnet,
a) = mit Blättern, b) = ohne Blätter

	Asche %	Protein %		Fett %		Kohlenhydrate %		Rohfaser %	
		ges.	verd.	ges.	verd.	ges.	verd.	ges.	verd.
a)	19,80	15,87	11,11	0,98	0,64	16,32	15,46	47,31	23,61
b)	17,09	8,15	5,94	0,87	0,55	14,87	14,08	59,72	29,51

Tabelle 10
Nährstoffgehalt der Nessel (*U. dioica*)
(alle Angaben beziehen sich auf wasserfreie Trockensubstanz)

Autor	Rohprotein %	Rohfett %	Kohlenhydrate (N-freie Extraktstoffe) %	Rohfaser %	Asche %
1. MOSER [zit. bei 141]	18,3	7,7	38,0	16,6	—
2. RUMSWINKEL [191]	22,9	1,5	38,9	17,6	19,0
3. MACH [141]	24,1	5,0	35,7	12,3	22,8
4. MOLLO [154]	20,7	8,7	42,9	11,9	15,8
5. KLING u. IMHOFF [108]	24,3	3,9	34,8	16,7	20,5
6. KELLNER u. FINGERLING [105]	20,7	8,7	42,7	12,0	15,8
7. GUSSELNIKOW [71]					
Herkunft a)	22,2	2,2	22,1	35,6	17,8
Herkunft b)	15,4	3,3	39,4	27,9	14,0
U. cannabina	18,8	3,8	17,3	45,0	15,2
8. BREDEMANN [33] versch. Entwickl.-Stadien:					
Mineralboden	20,8—27,2	3,0—5,1	43,0—50,9	10,6—13,1	14,2—15,0
Niederungsmoorboden	28,3—32,1	2,8—3,6	34,4—43,7	9,7—13,2	14,4—19,1

Entscheidend beeinflußt wird der Wert solcher Abfälle also immer durch den Anteil an Blättern. Ohne Blätter beläuft sich der Stärkewert auf 21 und der Futterwert ist als gering anzusehen. Nach G. BREDEMANN 1943 [33] beträgt der Blatt-Anteil der Nesselpflanze, berechnet auf Trockenmasse:

bei beginnender Blüte	33,5—36,2%
in der Vollblüte	26,3—24,0%
verblühender Zustand	19,9%
reifend (schnittreif zur Fasergewinnung)	17,1%

[1]) Eine ähnliche Übersicht hat kürzlich A. STÄHLIN 1957 [213b] veröffentlicht.

Ein „feingemahlenes Nesselmarkmehl", wahrscheinlich vorwiegend Scheben, hatte nach Analyse der Landw. Untersuchungsanstalt Augsburg (2. 5. 1918) [1] folgende Zusammensetzung:

in der Trockensubstanz	Rohprotein	6,55%
	N-freie Extraktstoffe	39,39%
	Rohfett	0,78%
	Rohfaser	47,49%
	Asche	5,81% (darin 0,23% Kieselsäure)

Im Gutachten heißt es, daß es als Futtermittel einige gute Eigenschaften aufweise: Poröse, lockere Struktur, die es ermöglicht, daß die Verdauungssäfte das Futter völlig durchdringen können, sehr geringe Verkieselung gegenüber Rauhfutter (Stroh u. Heu). Der Verdauungswert der Rohfaser im Nesselmarkmehl sei dem im aufgeschlossenen Strohstoff gleichzusetzen. Dieses „Nesselmarkmehl" könne mit Vorteil zum Strecken von konzentrierten Futterstoffen oder als Träger von Melasse Verwendung finden.

„Nesselstengel-Rückstände vermischt mit Blättern" wurden vom Landw. Untersuchungsamt Königsberg/Pr. (14. 11. 1918) [1] untersucht:

in der Trockensubstanz	Rohprotein	2,73%
	N-freie Extraktstoffe	4,73%
	Rohfett	1,27%
	Rohfaser	83,15%
	Asche	8,11%

In der Begutachtung wurde diesem Produkt der Nährwert von Stroh zugesprochen.

Ein „Nesselmehl" besserer Zusammensetzung ist vom Landw. Institut der Universität Königsberg/Pr. unter Bericht Nr. 40 (31. 12. 1918) [1] untersucht. Es ergab sich dabei folgender Gehalt:

in der Trockensubstanz	Rohprotein	11,07%
	davon Reineiweiß	8,03%
	N-freie Extraktstoffe	38,05%
	Rohfett	1,61%
	Rohfaser	41,29%
	Asche	7,98%

Der Proteingehalt gleicht gutem Wiesenheu. Infolge des höheren Rohfasergehaltes wurde jedoch angenommen, daß der Futterwert geringer sei als der von Wiesenheu.

Zur Prüfung dieser Frage wurde ein Fütterungsversuch an 6 Milchkühen durchgeführt. Im Futter, das sich normal zusammensetzte, wurden zusammen 1,5 kg Trockenschnitzel und 2 kg Wiesenheu durch 3,5 kg Nesselmehl ersetzt. Von 5 Kühen wurde dieses Futter gut und restlos aufgenommen, eine Kuh ließ jedoch Futterreste nach. Die Milcherträge der 5 Kühe stellten sich im Durchschnitt:

bei Vergleichsfutter	auf 12,71 kg
bei Nesselmehl	auf 12,14 kg
Differenz:	0,57 kg täglich

Da der Fettgehalt der Milch bei Nesselmehlfütterung um 0,05% höher lag, wurde ein geringerer Fettertrag von 9 g je Kuh und Tag errechnet. Als Schlußfolgerung wird in dem Gutachten erwähnt, daß Nesselmehl von vorliegender Zusammensetzung Wiesenheu nicht ersetzen könne, weil der hohe Rohfasergehalt Verdaulichkeit und Ausnutzungsfähigkeit ungünstig beeinflußt.

Über den Futterwert eines „Nessel*blätter*mehles", das folgenden Gehalt an Rohnährstoffen aufwies:

in der Trockensubstanz	Rohprotein	21,83%
	davon Reineiweiß	19,18%
	N-freie Extraktstoffe	38,23%
	Rohfett	2,98%
	Rohfaser	16,27%
	Asche	20,69%

wurde im Bericht Nr. 43 (20. 5. 1919) des Landw. Instituts Königsberg/Pr. [1] zunächst angenommen, daß der Gehalt an verdaulichen Nährstoffen so hoch sei, daß der Stärkewert mit 45 angesetzt wurde und somit im Futterwert der Kleie gleichkäme. Fütterungsversuche ergaben, daß dies nicht gerechtfertigt war, denn das Nesselblättermehl wurde von den Tieren (Kühen) nur ungern gefressen. Die sehr hohe Gabe von 3 kg dieses Mehles wurde von den Versuchstieren nie aufgenommen, so daß sie auf 1,5 kg herabgesetzt werden mußte. Die Versuche wurden in verschiedenen Variationen wiederholt, jedoch blieb als Tatsache, daß nur geringe Blattmehlmengen gefressen wurden und der Milch- und Fettertrag sich nicht erhöhte. Auch von Schweinen wurde dieses Futter nicht gern genommen.

Diese Versuchserfahrung steht im Gegensatz zu den bisherigen Angaben, daß Kühe Nesselblätter gern gefressen und danach höhere Milcherträge gegeben hätten [207]. Jedenfalls ließ sich damals nicht feststellen, ob der hohe Sandgehalt, die feine Vermahlung oder der hohe Trocknungsgrad die schlechte Aufnahme des Nesselblättermehles verursachten. Es dürfte keinem Zweifel unterliegen, daß ein so fein vermahlenes, trockenes Pulver, das dazu wahrscheinlich infolge hohen Sandgehaltes ungeeignet war, von den Tieren abgelehnt wurde. In anderen Berichten über Verfütterung von Nesselprodukten findet sich häufig die Angabe, daß man diese nur angefeuchtet zusammen mit anderem Futter geben soll [71, 138]. Rumswinkel [191], der sich während des ersten Weltkrieges sehr um die Verwertung der Nessel als Futtermittel bemüht hat und ein Brennesselhäcksel propagierte und damit Fütterungsversuche durchführen ließ, empfahl dieses bei allen Fütterungen roh beizumischen, auch in gemahlenem Zustand, nicht mitzukochen.

In der Sowjetunion besteht nach P. Medvedev 1934 [149] eine vielseitige Ausnutzung der Nessel als Futterpflanze, die zu diesem Zweck direkt ausgesät und im Laufe des Sommers 3—4mal geschnitten wurde. Im allgemeinen wird die Nessel wegen ihrer starken Wirkung anderem Futter beigemengt. Hornvieh soll nicht mehr als 1 kg/Tag erhalten. Die Samen, deren Gewicht er mit 0,5—1 g und mehr pro Pflanze angibt, können bei Pferden den Hafer ersetzen, sie können davon täglich bis $^1/_2$ kg erhalten. Nesselheu wird grob zerkleinert, gedämpft und dem anderen Futter als Häcksel beigemengt, und zwar für Kühe und Schweine.

Bei Geflügel ist Beifütterung in Pulverform angezeigt, die Legezeit wird dadurch wesentlich verlängert.

Durch die Möglichkeit, *Urtica dioica* sehr weit im Norden anzubauen, hält MEDVEDEV sie gegenüber anderen Pflanzen für besonders geeignet.

Später hat sich F. WAGNER 1925 [230] sehr für die Verwertung der Nessel als Futtermittel eingesetzt und durch Gegenüberstellung von Analysen zu beweisen versucht, daß die Nessel leicht Luzerne und Rotklee ersetzen könne; seine Errechnung des Stärkewertes ergab: Nesselheu: 48%, Luzerne: 26,5%. Im allgemeinen dürfte aber der von F. WAGNER angegebene Rohproteingehalt von 16% bei einem gut gewonnenen Nesselheu zu niedrig angenommen sein, wie Tabelle 10 zeigt und wie auch von G. BREDEMANN 1943 [33] bei eigenen Untersuchungen festgestellt worden war. Es wurden bei feldmäßigem Anbau der Nessel auf Mineralböden 20,8—27,2%, auf Niederungsmoorböden 28,3 bis 32,1% Rohprotein in verschiedenen Entwicklungsstadien gefunden. Trotz dieser günstigen Zahlen kann man nicht ohne weiteres einem feldmäßigen Anbau der Nessel zur Futtergewinnung zustimmen, und zwar unter Berücksichtigung folgender Gesichtspunkte: bei einer jährlich vorgenommenen dreimaligen Ernte, die, soweit sich bisher erkennen läßt, noch nie zahlenmäßig ausgewertet wurde, wird sich der von F. WAGNER angenommene Gesamtertrag von rd. 60 dz/ha wasserfreier Trockenmasse wohl kaum erreichen lassen. Weiter hat sich nach unseren Erfahrungen gezeigt, daß häufiger Schnitt die Nesselpflanze schwächt und zum vorzeitigen Absterben der mehrjährigen Pflanze führen kann. Von anderer Seite [203] ist jedoch diese Beobachtung nicht bestätigt worden (vgl. auch S. 117).

Die durch häufigen Schnitt bedingte Schwächung der Nesselpflanze war auch der Grund, warum die früher von uns empfohlene Nutzung des sog. Herbstnachwuchses wieder aufgegeben wurde [vgl. 68], trotzdem dieses im Herbst gewonnene Futter einen beachtlichen Nährwert besitzt:

Nach G. BREDEMANN [33] findet man in der wasserfreien Trockensubstanz: Rohprotein 33,45%, Rohfett 2,75%, N-freie Extraktstoffe 35,05%, Rohfaser 9,99%.

An wasserfreier Trockenmasse wurde bei unseren Versuchen bis zu 650 kg/ha als Herbstnachwuchs geerntet.

Über Versuche, die eine Eignung der Nesseln zur Einsäuerung (Ensilierung) für Futterzwecke prüfen sollten, wurde eingehend von K. GARBER 1950 [68] berichtet. Während die von L. DOROSSINSKY 1935 [51] durchgeführten Silageversuche fast in allen Fällen einen Mißerfolg ergaben, ließen spätere gleichzeitig eingeleitete Versuche vom Institut für Angewandte Botanik in Hamburg und vom Institut für Grünlandwirtschaft in Landsberg (Warthe) die Eignung der Nesseln für diese Konservierungsart erkennen. Allerdings muß, wegen des hohen Eiweiß- und Calciumgehaltes, immer ein gewisser Säurezusatz oder eine Gabe von Rohzucker erfolgen, um eine einwandfreie Gärung zu gewährleisten.

In Tabelle 11 sind die Analysenergebnisse des aus jungem Nesselkraut (Nachwuchs von einmal im August geschnittenen Nesseln) hergestellten Sauerfutters zusammengestellt. Diese Ergebnisse zeigen, daß in allen Fällen eine recht eiweiß-

Tabelle 11

Analysen von Nessel-Gärfutter (Herbst-Nachwuchs 1937)

	Hamburg		*Landsberg*		
	+ Holzzucker (Schlubach)	+ ca. 2% H_2SO_4	ohne Zusatz	3 l Penthesta +1% Zucker	6 l Penthesta
Essigsäure % frei	0,11	0,13	Spuren	0,55	0,14
gesamt %	0,81	0,78	0,84	1,03	1,01
in % der freien Gesamtsäure	11,11	11,60	Spuren	54,45	12,96
Buttersäure % frei	0,20	0,18	0,20	0,00	0,00
gesamt %	0,30	0,27	0,20	0,00	0,00
in % der freien Gesamtsäure	20,20	16,07	23,26	0,00	0,00
Milchsäure % frei u. gebunden	0,68	0,81	0,66	0,46	0,94
in % der freien Gesamtsäure	68,00	72,30	76,74	45,54	87,04
Gesamtsäure %	1,79	1,86	1,70	1,49	1,95
freie Gesamtsäure %	0,99	1,12	0,86	1,01	1,08
p_H-Zahl	5,93	6,05	7,6	7,3	7,4
Roheiweiß %	3,10	3,30	5,11	4,74	4,69
Trockenmasse %	15,75	15,28	26,86	28,69	25,63
Farbe	dunkelbraungrün	dunkelbraungrün			
Sinnesprüfung	angenehm sauer riechend	angenehm sauer riechend	gut-befriedigend	gut	gut

reiche, angenehm riechende Silage erzeugt werden konnte. Das in Landsberg gewonnene Gärfutter hat einen etwas höheren Trockensubstanz- und Eiweißgehalt, was auf die Verwendung etwas älteren Nesselkrautes hindeuten könnte, da nach G. BREDEMANN 1943 [33] der Proteingehalt älterer Blätter höher liegt, jedoch die Verdaulichkeit des Proteins abnimmt. Der p_H-Wert des Gärfutters aus Nesseln liegt im allgemeinen zu hoch, jedoch ließ sich auch durch erhöhten Säurezusatz keine Änderung erreichen, wie sich aus dem in Landsberg hergestellten Gärfutter unter Zusatz von 6 l Penthesta je 100 kg Grünmasse ergab. Solche hohen p_H-Zahlen des aus Nesseln bereiteten Gärfutters hat auch F. EICHHOLTZ 1942 [55] festgestellt. Die von L. DOROSSINSKY 1935 [51] mitgeteilten Mißerfolge bei der Einsäuerung von Nesseln sind wahrscheinlich auf einen zu geringen Säurezusatz zurückzuführen, denn infolge des hohen Ca-Gehaltes (in der Asche ca. 28% CaO) der Nesseln wird ein Teil der sich bei der Gärung entwickelnden Milchsäure laufend abgebunden. Auch E. GUSSELNIKOW 1938 [71] hat die Eignung der Nesseln zur Einsäuerung überprüft, allerdings benutzte er *Urtica cannabina*, die hanfblättrige Nessel, die im nördlichen Rußland häufig vorkommt und sich in ihrer Zusammensetzung, bis auf einen etwas höheren Rohfettgehalt, nur unwesentlich von *U. dioica* unterscheidet.

Wie K. GARBER 1950 [68] bereits erwähnte, sind exakte Fütterungsversuche mit Nesseln bisher wenig durchgeführt worden, jedoch haben diese dazu beigetragen, die manchmal übertriebenen Angaben über Fütterungserfolge mit Nesselkraut, die in großer Zahl während des ersten Weltkrieges erschienen, auf ihre Richtigkeit zu prüfen.

Der von A. MOLLO 1922 [154] an jungen Hühnern vorgenommene Füttterungsversuch mit gemahlenem trockenen Nesselkraut (Analyse s. Tab. 11 unter 4) ergab bei einer Versuchsdauer von 63 Tagen eine Gewichtszunahme von 131,5% gegenüber 99,6% der Kontrolle, die mit Kleeheumehl (dessen Analyse jedoch nicht vorlag) gefüttert wurde.

R. JARETZKY 1942 [96] hat im Zusammenhang mit medizinischen Fragen (vgl. S. 99) die Wirkung der zusätzlichen Verfütterung von Nesselkraut an Ratten mitgeteilt. Kontrolltiere erhielten reichlich Haferflocken und Vollmilch, 2 andere Gruppen das gleiche Futter unter Zusatz von 5% bzw. 20% Herba Urticae. Nach 4 Wochen hatte sich das Gewicht der Tiere mit 5% Nesselzusatzfutter verdreifacht, während die Tiere mit 20% Nesselkrautzusatz ihr Anfangsgewicht nur verdoppelt hatten; das Gewicht der Kontrolltiere hatte sich im Laufe der Versuchsdauer auf das $2^1/_2$fache erhöht. Außer der Gewichtszunahme wurde das gute Aussehen des Felles, glatt und glänzend, festgestellt.

Worauf die etwas ungünstigere Wirkung der Beifütterung von 20% Herba Urticae zurückzuführen ist, ist nicht angegeben worden. Denkbar wäre, daß schon ein zu großes Eiweißangebot vorgelegen hat, bzw., daß die in der Nessel enthaltenen 1,5—5,0% Nitrate evtl. eine leichte Giftwirkung haben ausüben können. Daß die in den Pflanzen enthaltenen Nitrate eine Giftwirkung hervorrufen können, wird durch die Untersuchungen von W. BRADLEY u. Mitarb. 1940 [20] deutlich. Danach kann es beim Vieh zu Methämoglobin-Bildung kommen, die zu tödlichen Vergiftungen führt. Für Rinder beträgt die Dosis letalis von KNO_3 0,55 g/kg Lebendgewicht. Gegenmittel ist Injektion von 4% Methylenblaulösung. Über Vergiftungen bei Pferden und Schweinen berichtet A. STÄHLIN 1957 [213b].

Neuere eingehendere Untersuchungen über die Eignung der Großen Brennessel als Futtermittel liegen von J. KOLOUSEK u. Mitarb. 1954 [112] vor. Diese Untersuchungen gewinnen an besonderer Bedeutung durch die chemischen und biochemischen Analysen, die den eigentlichen Fütterungsversuchen vorangingen.

Vor allem ist in dieser Arbeit erstmalig eine Analyse der gesamten Aminosäuren in Nesseln vorgenommen worden. Da den Aminosäuren in der modernen Fütterungslehre eine grundlegende Bedeutung zugesprochen wird, dürfte die Bekanntgabe der Analysenergebnisse in wörtlicher Übersetzung von Interesse sein (s. Tabelle 12). Die Aminosäuren wurden ermittelt mit Hilfe der ein- und zweidimensionalen Verteilungschromatographie auf Papier.

Tabelle 12

Aminosäuren in der getrockneten Urtica dioica, im Luzerneheu und im Rotklee (feingemahlen).

Halbquantitative Methode[1]) nach KOLOUSEK (vgl. S. 110)

Aminosäuren	*im Hydrolysat*[2])			*im Extrakt*		
	Brenn-nessel	Luzerne	Rotklee	Brenn-nessel	Luzerne	Rotklee
Cystein	2	2	2	—	—	—
Asparaginsäure	5	5	5	5	3—4	3
Glutaminsäure	5	5	5	4	3—4	4
Serin	5	3	4	5	4	4
Asparagin	—	—	—	3	5	4
Glycin	5	3	4	3	4	4
Glutamin	—	—	—	3	3	2
Threonin	5	3	4	4	5	3—4
α-Alanin	5	5	5	5	5	5
Tyrosin	—	1	—	1	—	—
γ-Aminobuttersäure	—	—	—	4	5	4—5
Valin + Methionin	4	4	4	3	5	4—5
Phenylalanin	4	2	2	2	2	3
Leucin + Isoleucin	5	4	4	3	3	3
Prolin	4	3	2	4	5	5
Histidin	2	2	2	—	1	—
Lysin	4—5	3	3	—	2	3
Arginin	3	3	3	—	2	3

Tryptophan wurde in allen angeführten Pflanzen mittels der Farbreaktion mit Hilfe von Glyoxalsäure in den alkalischen Hydrolysaten nachgewiesen.

β-Alanin und Citrulin wurden in allen Extrakten in Spuren gefunden.

Aus den Ergebnissen ziehen die Verfasser die Schlußfolgerung, daß die Nessel gegenüber Klee- und Luzerneheu zweimal mehr gebundene Aminosäuren enthält, was vor allem für das Lysin gilt. Durch ihren Gehalt an Glycin und den übrigen essentiellen Aminosäuren bezeichnet auch er die Nessel als ein besonders wertvolles Futter für Geflügel.

---

[1]) Klassifikationsskala (die Zahlen drücken die relativen Mengen der einzelnen Aminosäuren im Hydrolysat oder Extrakt aus):
1 = sehr schwacher Fleck
2 = schwacher Fleck
3 = mittelstarker Fleck
4 = starker Fleck
5 = sehr starker Fleck

[2]) Die Zahlen bezeichnen das durchschnittliche Vorhandensein der Aminosäuren im Hydrolysat der Brennessel. Beim Vergleich mit den Hydrolysaten des Klees und der Luzerne ist es notwendig, die bei der Brennessel angegebenen Zahlen mit 2 zu multiplizieren, da das Hydrolysat der Brennessel, hergestellt aus der gleichen Menge wie bei den anderen Futtermitteln, zweimal mehr Aminosäuren als Klee und Luzerne enthält.

Eine weitere Gegenüberstellung der Nährstoffe in der Nessel, im Luzerne- und Wiesenheu wird in Tabelle 13 gegeben, in der die wertvollen Eigenschaften der Nessel noch einmal besonders zum Ausdruck kommen (vgl. auch Tab. 10).

Tabelle 13
Gegenüberstellung der getrockneten Urtica dioica mit Luzerne- und Wiesenheu, berechnet auf wasserfreie Trockensubstanz.

	versch. N-Subst. (N × 6,25) %	Rein-Eiweiß %	Mineral-stoffe (= Asche) %	Aether-extrakt %	Roh-faser %	N-freie Substanz %	verdaul. Eiweiß %	CaO %	P_2O_5 %
Brennessel	25,33	21,02	17,77	5,45	14,12	37,30	15,44	4,26	0,89
Luzerneheu	19,18	14,11	7,77	2,87	33,26	36,91	9,08	2,52	0,70
Wiesenheu	10,78	6,77	7,03	2,46	30,19	49,52	4,07	1,37	0,32

Im trockenen Brennesselheu wurden weiter festgestellt: 11,11 mg β-Carotin, 36,6 mg % Lykopin und Xanthophyll sowie 18,3 mg % Chlorophyll.

Die Fütterungsversuche an Ratten und Hühnern zeigten bei den mit Nesseln gefütterten Versuchstieren nicht alltägliche Gewichtszunahme. Die durchschnittlichen Endgewichte bei dem Versuchsgeflügel waren um 22—23% höher als bei den Kontrollgruppen, im allgemeinen wurde bei den mit Nesselmehl gefütterten Hühnern ein besserer Gesundheitszustand verzeichnet, 5% höherer Gehalt an Hämoglobin im Blut und ein hoher Gehalt an Glykogen in der Leber gegenüber den Kontrollgruppen. Insgesamt zeigten die mit Nesselmehl gefütterten Hühner eine größere Widerstandsfähigkeit gegenüber Coccidose.

In der Asche der getrockneten Nessel wurden (s. Tab. 14) folgende Anteile an Mineralstoffen gefunden:

Tabelle 14
Verhältnis der einzelnen Mineralstoffe in 100 g Asche der getrockneten Brennessel

Autor	Teil d. Pflanze	CaO	P_2O_5	Na_2O	K_2O	MgO	Fe_2O_3	SiO_2	SO_3	Cl
KOLOUSEK 1954 [112]	Blätter	29,3	5,1	1,6	13,9	5,0	5,1	6,3	3,2	3,5
	gesamte Pflanze	23,9	5,1	1,7	15,9	3,2	2,8	4,5	2,8	3,7
BREDEMANN 1942 [33]	Früchte	27,17	8,86	—	17,69	6,03	—	9,24	6,56	5,72
	Blätter	33,02	3,81	—	13,66	3,86	—	12,09	4,65	5,32
BABICKA 1944 [9]	gesamte Pflanze	18,52	6,43	3,20	40,92 (?)	4,24	3,00	8,54	4,42	8,65
	außerdem: 0,5% TiO_2, 0,6% Al_2O_3, 0,01% CuO, 1,0% Mn_2O_3 und 0,00168% Au									
GÜTTLER 1941 [72]	fand in jungen Blättern: 0,16% Fe, 0,006% Mn									

Die Nessel als Nahrungspflanze

Wie eingangs erwähnt, dürfte die älteste Verwendung der Nessel zu Nahrungszwecken bereits in der Antike erfolgt sein. Nach einer älteren Quelle [79] liegen folgende Anweisungen für die Zubereitung der Nessel vor:

nach THEOPHRAST — hpl VII 7,2 — (um 390 v. Chr.):
„Will man Nesseln essen, so brüht man sie zuvor ab."

nach CATULL (87—57 v. Chr.):
„Die Wurzel der Nessel bewirkt, daß Fleisch, mit dem sie gekocht wird, zarter werde."

nach HORAZ (65—8 v. Chr.):
„Man kann ganz einfach von Kräutern und Nesseln leben."

nach M. GABIUS APICIUS (14—37 n. Chr.):
„Man siede Nesseln, seihe das Wasser ab, zerkleinere sie fein mit dem Wiegemesser und dämpfe das Gewiegte auf heißer Asche mit Olivenöl, füge Fischsülze hinzu, verrühre mit Ei und bestreue das Gericht mit Pfeffer."

nach PLINIUS d. ä. (23—79 n. Chr.):
„Die jungen Frühjahrstriebe gewähren eine nicht unangenehme Nahrung, die das ganze Jahr jede Krankheit abhalten soll."

Auf Grund dieser Angaben ist dann später von Zeit zu Zeit auf die Verwendung der Nessel in der Küche hingewiesen worden [83]. Allerdings mußte dabei erwähnt werden, daß nicht die ganze Pflanze Verwendung finden sollte, sondern nur jüngere Pflanzenteile bzw. Blätter. Nach L. DIELS 1918 [48] schneidet man die jungen Sprosse, möglichst ehe die Blätter vollkommen entfaltet sind, und bereitet sie spinatartig zu, nachdem man sie einige Minuten in kochendem Wasser hat ziehen lassen und dieses Wasser abgegossen hat. Je nach Geschmack kann man die Nesseln als kräftiges Gemüse allein verwerten oder mit anderen milder schmeckenden Kräutern, wie Sauerampfer, Melde usw. gemischt verarbeiten. An trockenen, sonnigen Plätzen gewachsenes Nesselkraut wird schwer weich. Um immer frisches, junges Kraut zu haben, empfiehlt er einige Pflanzen abzuschneiden und nur die nachtreibenden jungen Schößlinge zu verwerten. Er macht jedoch darauf aufmerksam, daß durch dieses Verfahren die Pflanze stark geschwächt werde und im nächsten Jahr nur niedrige und schwache Triebe hervorbringe (vgl. auch S. 108).

Eine umfassende Darstellung für die Verwertung der Nessel als menschliche Nahrungsquelle hat auch E. HAHN 1917 [74] gegeben, und er weist auf die Verwendung der Nessel als Kultspeise hin; sie soll früher, zusammen mit anderen „heiligen" Kräutern am Gründonnerstag als Nesselgemüse gegessen worden sein, an dessen Stelle dann später der Spinat trat. Besonders in Schweden soll man diese Sitte sehr lange gepflegt haben, und nach seinen Angaben sollen Nesseln für diesen Zweck als Konserven auf den Markt gekommen sein. In Rußland wird sie allgemein als Gemüse genutzt. P. MEDVEDEV 1934 [149] gibt eine

Übersicht der Anwendungsweisen. Allerdings gibt er den Proteingehalt der Nessel auch nur mit 18,3% (Trockensubstanz) an.

Zur Zeit des ersten Weltkrieges sind dann die verschiedensten Empfehlungen für die Verwertung der „nahrhaften" Brennessel herausgegeben, in denen auf getrocknete Nesselblätter als Spinatersatz hingewiesen wurde. Sie stützen sich vor allem auf Angaben von O. RICHTER 1916 [178]. Z. B. wurde die Herstellung von Alkohol aus den Blättern empfohlen, von Dauergebäck (Keks) aus Blättermehl und zur Herstellung von „vegetabilischer Wurst" [4], die auch von mehreren Nährstoffwerken bereits angefertigt wurde, wobei angeblich 1 kg Blätter mit 1 RM bezahlt worden sein soll.

Später wurden dann im Zuge der autarken Bestrebungen vor dem zweiten Weltkriege im Rahmen der Reichsarbeitsgemeinschaft „Ernährung aus dem Wald" Wildpflanzen als Nahrungsmittel in Form von Wildgemüsen und Salaten unter dem Motto „Unsere Nahrungsmittel müssen Heilmittel und unsere Heilmittel Nahrungsmittel sein" (Paracelsus), empfohlen. Für die Große Brennessel sind neben Sammelvorschriften verschiedene Anwendungsweisen zur Bereitung von Suppen, Klößen, Aufläufen, Suppeneinlagen, Gemüse und Pasteten vorhanden [41].

Die Eignung der Nessel als Nahrungspflanze wird durch die nach H. SCHALL 1941 [194] zusammengestellte Übersicht besonders hervorgehoben (vgl. Tab. 15).

Tabelle 15
Vergleich einiger Blatt- und Wildgemüse
(berechnet auf wasserfreie Trockensubstanz)

	Eiweiß %	Fett %	Kohlenhydrate %	Eiweißwert %	Kal.
Spinat	34,33	4,5	26,86	50	20
Grünkohl	25,12	4,6	52,82	28	71
Mangold (Blätter)	30,86	4,9	34,57	40	26
Gartenmelde	30,00	3,3	23,33	49	15
Nessel	31,25	3,9	40,34	40	58
Löwenzahn	19,31	4,8	51,72	23	49

Auf Grund der festgestellten wertvollen Eigenschaften der Nessel für die menschliche Ernährung soll REINHOLD 1948 nach G. BAYER 1957 [12] angeregt haben, die Brennessel als Gemüsepflanze zu kultivieren, ein Gedanke, der in diesen Jahren häufiger geäußert wurde, aber doch etwas absurd erscheint, da der Bedarf leicht durch Wildvorkommen gedeckt werden konnte.

Die besondere Bevorzugung der Nessel als Wildgemüse wird durch das Vorhandensein mehrerer Vitamine erklärt, von denen das Vitamin C am bekanntesten und meisten nachgewiesene ist. Die Angaben über den Gehalt sind recht unterschiedlich, vor allem muß man zwischen frischer und getrockneter Substanz unterscheiden. I. ESDORN 1940 [61] gibt 20 mg% Vitamin C an; A. KUHN

u. G. SCHÄFER 1939/40 [120] fanden in *U. urens* in der frischen Substanz 13,1 mg% Ascorbinsäure und 103,1 mg% in der wasserfreien Trockensubstanz. Von DROESE u. BRAMSEL (zit. nach BREDEMANN [33]) wird (in 100 g der rohen Nahrung) für Nessel 50 mg Vitamin C angegeben. Ähnlich liegen die Werte, die TH. IWANOFF 1948 [94] für Nesseln in Bulgarien bekanntgab, und zwar für: breitblättrige Brennessel: 40—50 mg%, schmalblättr. Brennessel: 33—60 mg%, für wilde Brennessel: 48 mg%, wobei nicht ersichtlich ist, um welche Species es sich dabei gehandelt hat. W. DIEMAIR u. Mitarb. 1949 [49] stellten in der Großen Brennessel fest: l-Ascorbinsäure 8,1—17,2 mg% in der frischen Substanz, nach 2tägigem Stehen 30,4 mg%, an Gesamt-Vitamin-C 131,5 bis 143,7 mg% in der frischen Substanz, und 104,5 mg% nach 2 Tagen. Für die Kleine Brennessel geben sie an: l-Ascorbinsäure 113,5 mg% und Vitamin C 138,0 mg%. In Urtica dioica-Droge fand E. CORDES 1941 [43] einen ähnlichen Ascorbinsäuregehalt von 17 mg%, dagegen war der Vitamin-C-Gehalt in fermentiertem Material (Haustee) sehr gering: 3 mg%. Daß Brennesselextrakte (10 Min. Kochen d. Blätter in leicht mit HCl angesäuertem Wasser) antiskorbutisch wirken, hat N. JARUSSOWA 1936 [97] nachgewiesen, auch, daß die prophylaktische Dosis unterhalb 5,4 g liegt.

W. SCHWARZE u. E. GÜNTHER 1947 [209] sind jedoch der Meinung, daß die Vitaminbestimmungsmethoden reformbedürftig seien und daß alle Angaben über den Vitamingehalt in Pflanzen revidiert werden müßten. Sie fanden z. B. in Herba Urticae nach Methode KUHN-SCHÄFER (s. o.) 92—106 mg% Ascorbinsäure, nach eigener Methode waren nur reduzierende Substanzen nachzuweisen. Die Richtigkeit ihrer Angaben suchten sie durch Fütterungsversuche an Meerschweinchen zu beweisen: die Tiere, die täglich 0,4 g und 0,8 g Herba Urticae = 0,4 mg bzw. 0,8 mg Ascorbinsäure (lt. Meth. KUHN-SCHÄFER) während 3 Wochen enthielten, erkrankten sämtlich so schwer an Skorbut, daß die Versuche vorzeitig abgebrochen werden mußten. Diese Angaben stehen somit im Widerspruch zu allen anderen, allerdings wäre durch längere Lagerung entstandener Vitaminschwund der verwendeten Droge denkbar, doch will TH. IWANOFF 1948 [94] nachgewiesen haben, daß das Vitamin C der Nessel nur schwer abgegeben wird. Durch Trocknen und längeres Kochen soll die ursprüngliche Substanz nur unwesentliche Mengen an Vitamin C verlieren. Außerordentlich hohe Mengen an Vitamin C (523—1135 mg% in der Trockensubstanz) fanden A. SEYBOLD u. H. MEHNER 1948 [213a] in Blättern von *U. dioica* [1]).

Neuere Untersuchungen von K. SCHARRER u. W. WERNER 1957 [196], mit polarographischen Analysenverfahren ausgeführt, ergaben an 4 Proben frischer Nesselblätter (*U. dioica*) einen Mittelwert von 84,5 (79,1—86,3) mg% Vitamin C in der Frischsubstanz, wobei es interessant erscheint, daß bei 38 untersuchten Spinatproben nur ein durchschnittlicher Gehalt von 43,5 (24,5—51,8) mg% in der Frischsubstanz ermittelt wurde, und Zitronen und Apfelsinen einen Durch-

[1]) Bei aurea-Formen fanden sie weniger Vitamin-C als in normal grünen, während bei anderen Pflanzen normalerweise die aurea-Form höheren Vitamin-C-Gehalt aufweist.

schnittswert von 59,7 bzw. 47,2 mg% gegenüber der Hagebutte mit 613,5 mg% aufweisen.

Der Vitamin-B_1-Gehalt soll nach A. HAZNAGY 1943 [80] in *U. dioica* und *U. urens* etwa 800 γ/kg Frischsubstanz betragen, in der trockenen Droge ist es nicht enthalten.

Auf den Gehalt an Vitamin A hat S. MATZKO [148] bereits 1936 hingewiesen. Er benutzte mit gutem Erfolg einen Carotinextrakt der Nesseln zur Anreicherung der Margarine mit Vitamin A. Die Nesseln (*U. dioica*) wurden zu diesem Zweck bei 65—75° getrocknet und vermahlen und das trockene Mahlgut wurde mit Petroläther (Sdp. 29—45°) extrahiert. Nach Abdampfen eines Teiles des Petrolätherextraktes wurde der Rückstand mit alkoholischer Lauge bei Zimmertemperatur 24 Std. verseift. Nach Verdünnen des alkoholischen Extraktes mit Wasser ging die Carotinfraktion in den Petroläther über und dieser wurde dann im Vacuum abdestilliert. Die Ausbeute an Extrakt aus 1 kg trockener Nesseln betrug 4,2 g[1]). Dieser Extrakt wurde dann mit Margarine vermischt. Positive Ergebnisse bei Verfütterung an Ratten wurden bei Anwendung einer täglichen Gabe von 0,2 mg Extrakt festgestellt. Auf Grund des Vergleiches der Wirkung aus Möhren gewonnenen Extraktes, der in Gaben von 0,075—0,1 mg bereits einen geringen therapeutischen Effekt zeigte, und in 1 g 10000—13000 Vitamin-A-Einheiten aufwies, sowie dem Extrakt aus Nesseln kann gefolgert werden, daß 1 g des Nesselextraktes 5000—6500 Vitamin-A-Einheiten enthält, was somit einem Gehalt von 2100—2700 Vitamin-A-Einheiten in 100 g trockener Urtica-Droge entsprechen würde. Auf Grund der vorstehenden Angaben kann man also die Nessel als Quelle für Vitamin A und Vitamin C bezeichnen und sie wird deswegen allgemein gern als Mittel gegen Hypovitaminosen im Frühjahr empfohlen, zumal sie durch den Gehalt des von M. DOBREFF 1924 [50] nachgewiesenen Sekretins eine excitosekretorische Wirkung auf Magen, Pankreas und Galle besitzt und somit die gleichen guten Eigenschaften wie z. B. der Spinat aufweist.

Bei seinen Untersuchungen über die Eignung einheimischer Pflanzen zur Bereitung von Haustee prüfte E. CORDES 1941 [43] u. a. auch U. dioica. Der Geschmack des aus der frischen Pflanze bereiteten, kalten bzw. heißen Aufgusses wird als nicht unangenehm bezeichnet und mit Note 3 bewertet. Der Aufguß getrockneter Pflanzen wurde dagegen als von unangenehmem bzw. nicht angenehmen, bitteren Geschmack befunden. Die Nessel wäre also nur bedingt verwendbar als frische Pflanze; etwas besser sollen sich fermentierte Blätter eignen, deren Vitamin-C-Gehalt allerdings nur noch 3 mg% betrug. Nach L. DIELS 1918 [48] sollen dagegen Blätter von *U. urens* sich besser dafür eignen.

Auf den hohen Rohfettgehalt der Samen ist bereits von O. RICHTER 1916 [178] hingewiesen worden. Er gab einen Ölgehalt von 24,9% an. Spätere Befunde ergaben:

---

[1]) In künstlich getrockneten Brennesselabfällen wurde von anderer Seite Carotingehalt von 8,8 mg% ermittelt (zit. bei [213b]).

	Hamburg [68] (eig. Unters.-Inst. f. Angew. Bot.)	R. Prögler [169]
Ölgehalt	26,49%	32,65%
spez. Gewicht	0,9277	0,9266
Berechnungs-Index n/20	1,477	1,477
Jodzahl	153,04	151,2
Vers.-Zahl	182,4	186,8
Säurezahl	4,26	6,1
Unverseifbares	0,53	1,62
Farbe	grüngelb	grüngelb-reingrün
Geruch	angenehm frisch Möhrensaft-ähnlich	Karotten-ähnlich

Der Unterschied im ermittelten Ölgehalt ist durch den verschiedenen Reifegrad der untersuchten Samen bedingt.

L. ZECHMEISTER u. P. TUZSON 1929 [237] isolierten aus trockener Droge (*U. urens*) ein Phytosterin, das identisch mit Sitosterin ist. Der Gehalt beträgt nur 0,4%.

Die Nessel, bzw. der daraus hergestellte Frischsaft, spielt neuerdings bei sog. Fastenkuren eine Rolle. So gibt z. B. W. SCHOENENBERGER 1957 [203] im Rahmen eines Kostschemas für Fettleibige jeweils 1 Eßlöffel Brennesselsaft für morgens, mittags und abends als Anregungsmittel; auch im sog. Saftfasten wird gern Brennesselsaft verabreicht.

Diese Frischsäfte werden nach Angabe der Herstellerfirma direkt aus den frisch geernteten Pflanzen gewonnen, sofort in Flaschen abgefüllt und ohne Konservierungsmittel oder Zusätze gelagert. Das Rohmaterial für diese Säfte wird von eigenen Anbauflächen sowie aus Wildbeständen gewonnen, und zwar erfolgt die Ernte der Pflanzen im Juni; der 2. Schnitt des Nachwuchses wird zur Teegewinnung herangezogen [203].

Technische Verwertung der Nessel

Unter den Angaben über die vielseitige Verwendung der Nessel findet man in älteren Werken auch solche über die Herstellung von Papier [79]. G. R. BÖHMER 1794 [17] teilte z. B. mit, daß im Botan. Magazin IV St. folgende Angabe zu finden sei: Oeuvres du Marquis de Vilette, imprimés sur du papier de guimauve (Eibisch). Les mêmes, imprimés sur du papier d'écorce de tilleul (Lindenbast). Er erwähnt, daß bei diesen Büchern auch eine Sammlung verschiedener Muster von Pflanzenpapieren angehängt sei, u. a. als papier d'ortie (Nessel) von dunkelgrüner Farbe.

Diese Angaben sind in Notzeiten wieder aufgegriffen worden, und es wurde versucht aus den Abfällen der Nesselfasergewinnung Papier herzustellen. In England sind 1940—1942 [151] diesbezügliche Versuche unternommen worden, jedoch ist kein Ergebnis darüber bekannt; sie scheinen ebensowenig aussichtsreich ausgefallen zu sein, wie dies für die Zellstoffgewinnung aus Flachsscheben und daraus versuchter Papierherstellung [98, 135] der Fall war. Vielleicht entstehen dadurch Schwierigkeiten, daß die Fasern des Holzkörpers vom Nesselstengel sehr kurz sind (0,5—5 mm) und nach entsprechendem Aufschluß nur eine staubförmige Masse bilden [189]. Andererseits ist aber auch über erfolgreiche Versuche zur Papierherstellung aus dem beim Fasergewinnungsverfahren mittels der Elster-Maschine (s. S. 87) abfallenden Holz der Stengel berichtet worden [1]. Daneben hat man versucht, ähnlich wie Flachs- und Hanfscheben, die Abfälle bei der Nesselfasergewinnung als Ausgangsmaterial für Vergärung bzw. Erzeugung von Holzzucker und Hefe für Futterzwecke anzupreisen. Über diesbezügliche praktische Versuche sind, abgesehen von den Mitteilungen O. RICHTERS 1916 [178], keine Ergebnisse veröffentlicht.

Frühzeitig wurde auch eine andere Verwendung der Nesseln, und zwar speziell der Wurzeln, bekannt: als Färbemittel. Sie sollen mit Alaun gekocht in Schweden früher zum Gelbfärben der Ostereier benutzt worden sein [52, 79], ebenso für die aus Nesselfasern hergestellten Gewebe, die die Farbe recht gut annehmen [52]. Im Rahmen der Nesselforschungsarbeiten wurden diese Färbeversuche von uns in der von G. WAGNER 1936 [231] beschriebenen Weise durchgeführt. Bei Wollgarn wurde dabei ein hellgelber, dauerhafter Farbton erhalten, der nach BIESALSKI[1]) als Sonnenblumengelb mittlerer Sättigung (2C) anzusprechen ist. Praktische Bedeutung kommt aber dem Färben mit Nesselwurzeln nicht zu.

Die größte technische Verwendung haben Nesselblätter bzw. Nesselkraut als Rohstoff für die Herstellung von Chlorophyll gefunden. Man bevorzugt die Nesseln, weil diese einen hohen Gehalt an grünem Blattfarbstoff besitzen und vor allem wegen des geringen Gehaltes an Chlorophyllase, eines Phytol abspaltenden Enzyms, das Abbau des Chlorophylls bewirkt [53]. Geringe Enzymwirkung ist bei Brennesseln, Platanen und Gräsern festgestellt worden, enzymreich sind *Heracleum* (Bärenklau), *Stachys sylvatica*, *Datura stramonium* u. a. [53]. Getrocknete Brennesselblätter, früher in großen Mengen (jährlich 142000 kg) hauptsächlich aus Ungarn eingeführt (100 kg = RM 27,— s. auch S. 103), wurden von mehreren chemischen Fabriken nach verschiedenen Verfahren, die sich grundsätzlich an die von R. WILLSTÄTTER u. A. STOLL 1913 [236] mitgeteilte Methode anlehnten, zur Chlorophyllbereitung herangezogen. Auch Rußland kam als Lieferant in Betracht. P. MEDVEDEV 1934 [149] berichtet, daß z. B. im Jahre 1929 in verschiedenen Bezirken Südrußlands 75 t Nesselblätter zu 12 Rubel für 50 kg gesammelt wurden. Gelegentlich würden auch Blätter von *U. cannabina* verwertet, aber die von *U. dioica* seien besser. Die Blatternte beginnt im Süden Rußlands im Juni zur Zeit des Blühbeginns bis Vollblüte.

Die getrockneten Nesselblätter werden im allgemeinen erst kurz vor der Verarbeitung zu einem feinen Mehl vermahlen und mit Alkohol oder Aceton mehrere Stunden extrahiert. Die Ausbeute an technischem Chlorophyll soll nach J. SCHWYZER 1930 [212] 1,4% betragen, während in den von H. VOGEL 1954 [227]

---

[1]) E. BIESALSKI, Pflanzenfarben-Atlas, Göttingen, Musterschmidt-Verlag 1957.

genannten Verfahren etwa 0,16% gewonnen werden. Die von ihm angeführten, hauptsächlich japanischen Patente unterscheiden sich nur unwesentlich in der Wahl des Lösungsmittels und der Extraktionsdauer voneinander. Der Preis reinen Chlorophylls betrug früher, je nach Farbkraft, 4—15 RM/kg. Es findet Verwendung zum Färben von mineralischen- und Pflanzenölen, zum Färben von Wachsen, Vaselinen, kosmetischen Präparaten, Nahrungs- und Genußmitteln (Konserven, Likör). Auch für medizinische Zwecke findet Chlorophyll Verwendung: als blutbildendes Mittel in verschiedenen Präparaten, als Wund- und sonstiges Heilmittel in Form von Salben und Tinkturen (s. S. 102). Neuerdings wurde die gute Eigenschaft als desodorierendes Mittel allzu stark von einer geschäftstüchtigen Reklame ausgenutzt [227].

Es ist durch die Untersuchungen von M. Janicsek 1929 [95] nachgewiesen, daß die Ausbeute an technischem Chlorophyll wohl bei einigen Pflanzen höher liegen kann als bei der Nessel, jedoch der Gehalt an *reinem* Chlorophyll in der Nessel am höchsten ist und somit die Brennessel immer die wirtschaftlichste und lohnendste Rohstoffquelle zur Herstellung von reinem Chlorophyll darstellt.

Tabelle 16

	Ausbeute an techn. Chlorophyll		Reines Chlorophyll		
	Frisch-substanz	Trocken-substanz	im techn. Chloro-phyll	auf frische u. trockene Pflanzen bezogen	
	%	%	%	%	%
Urtica dioica	1,17	4,0	68,32	0,803	2,73
Juglans regia	1,51	3,8	36,06	0,54	1,37
Digitalis lanata	2,79	11,1	8,89	0,24	0,99
Mentha piperita	2,11	5,7	3,37	0,071	0,76
Datura stramonium	1,87	10,0	5,31	0,099	0,53
Sambucus nigra	2,41	9,8	7,8	0,18	0,76

Der Einfuhrbedarf an Brennesselblättern zur Chlorophyllgewinnung liegt nach neueren Angaben [42] bei mindestens 100000 kg jährlich. Die Einsammlung wildwachsender Nesseln hat in Deutschland nahezu aufgehört, da diese geringen Mengen preislich nicht mit den hauptsächlich aus Osteuropa (Ungarn, Jugoslawien u. Rumänien) eingeführten Mengen konkurrenzfähig waren. Eine bekannte chemische Fabrik, die in den Jahren nach dem zweiten Weltkrieg noch Brennesselkraut in Größenordnung von einigen 100 t jährlich verarbeitet hat, teilt mit, daß der Bedarf in den letzten Jahren zurückgegangen sei [150]. Vielleicht hängt das mit den in den Bedarfsländern neu errichteten Eigenindustrien zusammen, wie dies auch besonders von C. Metcalfe 1942 [151] für England während des zweiten Weltkrieges gefordert wurde, um sich von Chlorophylleinfuhren frei zu machen.

Über die Verwendung der Nessel in der „biologisch-dynamischen Wirtschaftsweise" hat auf Grund eigener und der in der einschlägigen Literatur veröffentlichten Versuche G. BAYER 1957 [12] berichtet, und zwar wird nach ihm eine Brennesselbrühe zur Wachstumsanregung und zur Schädlingsbekämpfung benutzt. Diese Brühe wird nach seinen Angaben folgendermaßen hergestellt: mit 50 Liter Regenwasser werden ca. 4—5 kg frisches Nesselkraut oder entsprechende Menge Droge 10—14 Tage vergoren und (1:10 verdünnt oder konzentriert) auf die Kulturen gespritzt. In seinen mehrjährigen Anbauversuchen mit Mandelgras (Cyperus esculentus L.) wurde bei Versorgung mit vergorener Brennesselbrühe der gleiche Ertrag wie bei der Verwendung von Indore-Kompost festgestellt. Auch sollen durch Brennesselnachbarschaft in gleicher Weise wie durch Brühe an verschiedenen Pflanzen und bei Heilkräutern Ertragssteigerungen und dadurch Erhöhung des Gehaltes an ätherischem Öl erzielt worden sein (vgl. auch S. 82). Angeblich sollen auch die in der Nessel evtl. vorhandenen Wirkstoffe einen hemmenden Einfluß auf gewisse Pflanzenschädlinge ausüben [238]. Sehr eingehend hat F. LIPPERT 1953 [129] die Wechselbeziehung zwischen Brennesseln und *Bodenbiologie* dargestellt und die günstige Wirkung von verrottetem Brennesselkompost auf die Vermehrung der Regenwürmer beobachtet. Er empfiehlt diese „vertraute" Brennessel zur Besiedelung und Bodenverbesserung auf Müll- und Schuttplätzen, indem man sie in 25—30 cm weiten Reihen aussät, mit Komposterde bedeckt und anwalzt. Weiter benutzt er die Nessel zur Düngerveredlung und stellt aus der blühenden Nessel durch Kompostierung ein Humuspräparat her, das in der Blumengärtnerei und dort, wo schönes, gesundes Blattwerk gewünscht wird, angewandt werden kann. In Obst- und Kräuterkulturen soll neben der wachstumsfördernden Wirkung ein günstiger Einfluß auf die Qualität zu verzeichnen sein; so sollen sich z. B. Tomatensäfte von Früchten, die mit Brennesselkompost gedüngt waren, wesentlich besser gehalten haben als die Vergleichssäfte.

Von L. SCHMITT u. E. HASPAR 1943 [200] sind die gesamten Angaben zur „biologisch-dynamischen Wirtschaftsweise" auf breiter Grundlage nachgeprüft worden und es ergab sich, daß Pflanzenextrakte (u. a. auch Brennessel) wohl eine gute Wirkung auf die Vermehrung von Hefe ausüben können, daß aber die beobachteten z. T. geringen Ertragssteigerungen bei höheren Pflanzen zu unbedeutend waren, um daraus mit Sicherheit auf eine Wuchsstoffwirkung zu schließen. Im allgemeinen brachte eine Nährlösung, mit den gleichen Mineralstoffen wie im Extrakt, einen höheren oder gleichen Ertrag. Nur in einem Fall (Spinat) hatte ein Brennesselauszug besser gewirkt als die Nährlösung. Es handelt sich bei den beobachteten Ertragssteigerungen also wohl nur um eine reine Nährstoffwirkung.

Auf Grund ihres hohen Gehaltes an Nährstoffen (vgl. auch S. 112) vermag die Nessel sicher, nach entsprechender Kompostierung, einen Teil des Stalldungs zu ersetzen, aber man wird der Angabe [12], daß ein langjähriger Nesselanbau den Nitratgehalt des Bodens um ein Vielfaches zu vermehren vermag, doch auf Grund ihres hohen Eigenbedarfes mit entsprechender Skepsis begegnen. Wie G. BREDEMANN [33] bereits berechnete, kehren mit den bis zur Schnittreife, während und nach der Ernte abfallenden Blättern, den absterbenden

Stoppeln und Wurzeln, sowie auch aus den Stengeln jährlich 45—60 kg/ha N in den Boden zurück. Der wirkliche Entzug ist aber 60—100 kg/ha N!

Zur Nebennutzung, d. h. der in der Praxis häufig angeschnittenen Frage einer gleichzeitigen Nutzung der Nessel für mehrere Verwendungszwecke, wäre zum Abschluß noch kurz Stellung zu nehmen. Es war früher [68] bereits darauf hingewiesen worden, daß von der bisweilen empfohlenen gleichzeitigen Nutzung als Faser- und Futterpflanze, erster Schnitt für Futterzwecke (und das bezieht sich auch auf Verwendung als Arznei- bzw. industrielle Pflanze), zweiter Schnitt zur Fasergewinnung, wegen der, durch zweimaliges Schneiden bedingten Schwächung der Nesselpflanze, abzuraten sei (s. S. 108). Außerdem bleiben dann die zur Fasergewinnung geernteten Stengel nur kurz und dünn, womit einerseits der Stengel- und damit der Faserertrag stark verringert, andererseits die Qualität der Stengel verschlechtert wird, denn solche kurzen und dünnen, leicht Wirrstroh bildenden Stengel sind schwerer zu verarbeiten (s. S. 88).

Eine gewisse Möglichkeit zur Nebennutzung ist bei den erstjährigen Beständen der Fasernessel gegeben, deren Stengel noch nicht zur Fasergewinnung verwertet werden können oder sollen (s. S. 68). In diesem Fall könnte ein Teil der Blätter gewonnen werden, am besten um Mitte Juli, aber ohne die Pflanzen ganz zu entblättern, und ein Herbstschnitt solcher schon durch Entblätterung mehr oder weniger geschwächten Pflanzen kommt dann gar nicht in Frage.

Auch Nutzung des nach der Stengelernte austreibenden Herbstnachwuchses der Nesseln, sei es für industrielle Zwecke[1]) oder zur Futtergewinnung, ist wegen der erwähnten Schwächung der Pflanze nur bedingt vertretbar (s. S. 117).

Als Nebennutzung beim Anbau der Nesseln zur Fasergewinnung kamen somit eigentlich nur die bei der Stengelernte entstehenden nicht gerade großen Abfälle, wie z. B. Blätter, Früchte mit Hüllblättern, Blütenreste und evtl. Stengelspitzen in Frage (s. S. 105), die, wie oben gezeigt, ein eiweißreiches Futter darstellen können. Außerdem könnten die bei Auflassung einer Nesselpflanzung (s. S. 82) anfallenden Nesselwurzeln als Droge verwertet werden, sofern sie die hohen Anforderungen des Handels an Qualität erfüllen. Über Versuche zur Verwendung des bei der Fasergewinnung aus den Nesselstengeln anfallenden Holzes s. S. 88, 118.

---

[1]) Die von der Firma E. Merck, Darmstadt (1939) herausgegebenen Richtlinien für das Sammeln und Trocknen von Blättern der Zuchtfasernessel besagen, daß dieser Nachtrieb etwa im Oktober geschnitten werden soll.

SCHRIFTTUMVERZEICHNIS

[1] AKTEN der derzeitigen Landesstelle für Spinnpflanzen, Berlin.

[2] ANONYMUS, Nesselcultur. Fühlings Landw. Ztg., Leipzig, **29**, 1880, 758–59.

[3] – Liquor haemostaticus. Pharm. Zentralh., Berlin, **26** (6), 1885, 397–398.

[4] – Bericht (Wochenrückblick). Mitt. DLG., Berlin, **31**, 1916, 558.

[5] – Über die Verwertung heimischer Bastfasern. Klepzig's Textil-Ztschr., Leipzig, **40**, 1937, 97.

[6] – Melliand Merkblätter f. d. textile Praxis. Beilage z. Melliand Textilberichte, Heidelberg, **32**, 1951, Jan.-Heft. A. Rohstoffteil, Blatt 1.

[7] – Ebenso, A. 1. Feinheit, Festigkeit u. Dehnung d. wichtigsten natürlichen Fasern.

[8] – Notiz in Dtsch. Apoth. Ztg., Stuttgart, **94**, 1954, 312.

[9] BABIČKA, J., Gold in Lebewesen. Mikrochemie, Wien, **31**, 1944, 201–254.

[9a] v. BÄR, Abhandlung über die Pflanzung und den Gebrauch der Nesseln. Aus den Schriften der schwedischen Gesellschaft der Wissenschaften ins Französische übersetzt. Danach eine deutsche Übersetzung. Prag, Mangold'sche Buchhandlung, 1797.

[10] BAROT, A., L'ortie, sa valeur alimentaire, fourragère, textile industrielle et économique. Librairie Agric. Maison Rustique, Paris 1891.

[11] BATES, G., The distribution and control of the great stinging nettle. J. Ministry Agric., London, **39**, 1933, 912–922; rf. Dtsch. Ldw. Rundsch., Neudamm, **10**, 1933, 705.

[12] BAYER, G., Die große Brennessel (Urtica dioica L.) in ihrer Bedeutung für die Gesundheit von Mensch, Tier und Pflanze. Planta medica, Stuttgart, **5**, 1957, 12–23.

[13] BECKER-DILLINGEN, J., Handbuch des Hülsenfruchterbaues u. Futterbaues. Paul Parey, Berlin 1929; Nessel 473–475.

[14] BERGER, F., Handbuch der Drogenkunde. Erkennung, Wertbestimmung und Anwendung, Bd. IV, Herbae, Wien, 1954, Verl. f. med. Wiss.

[15] v. BERNUS, A. u. FRANKE, H., Alt-Kräuterbüchlein. Heilbronn, Eugen Salza, 1935.

[16] BOEHNER, K., Heimische Heilpflanzen u. Wildgemüse in alten Kräuterbüchern. Die dtsch. Heilpflanze, Stollberg, **9**, 1943, 69–71.

[17] BÖHMER, GEORGE RUDOLPH, Technische Geschichte der Pflanzen, welche bey Handwerken, Künsten u. Manufakturen bereits im Gebrauche sind oder noch gebrauchet werden können. I. Theil, Leipzig, Weidmannsche Buchhandlung, 1794, 543–547.

[18] BORISSOW, G., Quellungsstudien an Fasern von ... Urtica dioica. Act. Inst. Botan. Academ. Scient. URSS, Ser. V., Fasc. I, 133–149.

[19] BOUCHÉ, C. u. GROTHE, H., Die Nessel als Textilpflanze. Berlin 1877 u. Ramie, Rheea, Chinagras u. Nesselfaser, 2. Aufl., Berlin 1884, Julius Springer, 156 S.

[20] BRADLEY, W., EPPSON, H., BEATH, O., Methylenblau als Gegengift gegen Vergiftungen durch Haferstroh und andere nitrathaltige Pflanzen. J. Amer. Veterin. med. Ass., Chicago, **96**, 1940, 41–42; ref. Chem. Techn. Übers. (Beil. Chem. Ztg.) **65**, 1941, 65.

[21] v. BRASCH, AR., Das Rohstoffproblem der deutschen Woll- u. Baumwollindustrie. Berlin, Diss. phil., 1935 (Nesseln 138/9, 157).

[22] BREDEMANN, G., bisher unveröffentlicht.

[23] – Die bisherigen Erfahrungen und die Aufgaben weiterer Forschung über den feldmäßigen Anbau der Nessel zur Fasergewinnung. Deutsche Faserstoffe und Spinnpflanzen, München, **1**, 1919, Nr. 19 u. 20.

[24] — Referat über die Erfahrungen im feldmäßigen Nesselbau und über neuere Forschungen auf dem Gebiet der Nesselkultur und der Nesselzüchtung. Nessel-Anbau-Gesellschaft m. b. H., Berlin, 1920, 1—22.

[25] — Beiträge zur Kenntnis der Hanfnessel (Urtica dioica) als Faserpflanze. III. Untersuchungen über den Nährstoffgehalt und das Nährstoffbedürfnis der Nesselpflanze. Mitt. Forsch.-Inst. Sorau, Sorau N.-L., **2**, 1921, 138—141.

[26] — Felddüngungsversuche an Nessel auf Niederungsmoor. Faserforschung, Leipzig, **1**, 1921, 26—32.

[27] — Die Bestimmung des Fasergehaltes in Bastfaserpflanzen bei züchterischen Untersuchungen. Ebenda, **2**, 1922, H. 4, 239—258.

[28] — Über Fortschritte auf dem Gebiete des Anbaues der Nessel und der Gewinnung ihrer Faser. Der Spinner u. Weber, Leipzig, 1923, Exportausgabe, **3**, Nr. 1, 32—39.

[29] — Die Nessel als Faserpflanze. Forschungsdienst, Berlin, **5**, 1938, 141—161.

[30] — Fasergehalt und Faserausbeute bei Fasernesseln in verschiedener Stengelhöhe. Faserforschung, Leipzig, **14**, 1940, 148—155.

[31] — Fasergehalt und Faserausbeute der Fasernesseln bei verschiedener Erntezeit. Ebenda, **14**, 1940, 193—206.

[31a]— Untersuchungen über den Fasergehalt verschiedener Pflanzen. Ebenda, **14**, 1940, 105—112.

[32] — Die Bestimmung des Fasergehaltes bei Massenuntersuchungen von Hanf, Flachs, Fasernesseln u. anderen Bastfaserpflanzen. Ebenda, **16**, 1942, H. 1, 14—39.

[33] — Nährstoffaufnahme und Nährstoffbedarf der Fasernesseln. Bodenkunde u. Pflanzenernährung, Berlin, **30** (75), 1942, 95—137.

[34] — Nachtrag zu der Arbeit: Nährstoffaufnahme und Nährstoffbedarf der Fasernesseln. Ebenda, **36** (81), 1945, 205—209.

[35] — Untersuchungen über die Nährstoffaufnahme und den Nährstoffbedarf des Hanfes (Cannabis sativa L.). Ebenda, **36** (81), 1945, 167—204.

[36] — Untersuchungen über die Beeinflussung des Fasergehalts der Pfropfreiser bei wechselseitiger Pfropfung faserarmer u. faserreicher Nesseln (Urtica dioica L.). Ber. Dtsch. Botan. Ges., Berlin, **65**, 1952, 145—154.

[37] — Weitere Beobachtungen bei Züchtung des Hanfes auf Fasergehalt. Der Züchter, Berlin, **22**, 1952, 257—269.

[38] — Verdreifachung des Fasergehalts bei Hanf (Cannabis sativa L.) durch fortgesetzte Männchen- und Weibchen-Auslese. Materiae Vegetabiles, Den Haag, **1**, 1953, 167 bis 182.

[39] — Züchtung auf hohen Fasergehalt bei Bastfaserpflanzen. Faserforschung u. Textiltechn., Berlin, 1953, **4**, H. 1, 33—36.

[40] — u. FABIAN, H., Der Einfluß der Ernährung auf den Fasergehalt und die Faserbeschaffenheit von Bastfaserpflanzen (Flachs und Nessel). Fortschr. Landw., Berlin, **3**, 1928, 406—407.

[41] BÜRGI, E., Das Chlorophyll als Pharmakon. Leipzig, Thieme 1932.

[42] CAESAR u. LORETZ KG., Arzneimittelwerk Michelstadt (Odenwald), briefl. Mitt. 10. 2. 58.

[43] CORDES, E., Untersuchungen einheimischer Pflanzen auf ihre Eignung als Hausteepflanzen. Diss., Hamburg, 1941, 45 S.

[44] CREMER, H., Biologische Versuche mit Pflanzensäften. Dtsch. Apoth. Ztg., Berlin, **49**, 1934, 1277—1279.

[45] DAHLGREN, K., Geschlecht und Katalasewirkung. Botan. Notiser, 1929, 341—353; rf. Bot. Zbl. **17**, 1930, 398.

[46] DEMITSCH, W., Russische Volksheilmittel aus dem Pflanzenreich. Histor. Studien a. d. Pharmak. Inst. Univ. Dorpat, herausg. v. R. Kobert, I, Halle (Saale), Tausch & Grosse, 1889, 134—266.

[47] Die Haushaltungskunst im Kriege und in der Teuerung. 1775; neu herausgegeb. 1916, Aachen, Sonderdruck 32.

[48] DIELS, L., Ersatzstoffe aus dem Pflanzenreich. Schweizerbart'sche Verlagsbuchhandl. Stuttgart 1918. U. dioica S. 356–364.

[49] DIEMAIER, W., LÖTZBEYER, E., ARNOLD, F., Der Vitamin-C-Gehalt verschiedener Naturstoffe und daraus hergestellter Erzeugnisse. Dtsch. Lebensm. Rundsch., Stuttgart, 45, 1949, 176–184.

[50] DOBREFF, M., Über ein neues Sekretin in der Brennessel. Münch. med. Wochenschr., München, 71, 1924, 773–774.

[51] DOROSSINSKY, L., Zur Frage der Ensilierung von Brennesseln. Probl. d. Tierzucht (russ.), Moskau, 4, 1935, 112–113, rf. Landw. Rundsch., Neudamm, 12, 1935, 694.

[52] DUCHESNE, E., Répertoire des plantes utiles et des plantes vénéneuses du globe. Brüssel, Meline, Cans & Co., 1846, Bd. I.

[53] EGLE, K., Chlorophyllase. Handbuch der Pflanzenphysiologie, Bd. V, Springer Verlag Heidelberg (im Druck).

[54] EHRENWALD, H., Histamin bei Migräne. Schweiz. med. Wochenschr., Basel, 16, 1935, 952.

[55] EICHHOLTZ, F., Einsäuern von Aushilfsfutterpflanzen. Dtsch. Landw. Presse, Berlin, 69, 1942, 453–54, 459–60.

[56] ELSTER, JOH., Referat über die Erfahrungen in der Gewinnung der Brennesselfaser u. ihre Spinnbarkeit. Adorf i. Vogtl. 1920.

[57] EMMELIN, N., u. FELDBERG, W., Pharmacologically active substances in the fluid of nettle hairs (Urtica urens). J. Physiology, London, 106, 1947, 14P–15P; rf. Chem. Zbl. 1947, 1383 u. Rona-Ber. 138, 1949, 108.

[58] — The mechanism of the sting of the common nettle (Urtica urens). Ebenda, 106, 1947, 440–455, rf. Chem. Zbl. 1947, E 552.

[59] — Distribution of Acetylcholine and Histamin in nettle plants. New Phytologist, Cambridge, 48, 1949, 143–148; rf. Chem. Zbl; 1949, E. 734.

[60] ENGELBRECHT, TH., Über die Wachstumsbedingungen der Nessel. Mitt. Dtsch. Landw. Ges., Berlin, 31, 1916, 277 u. Ztschr. f. ges. Textil-Industrie, Leipzig, 19, 1916, 211–212.

[61] ESDORN, I., Wildpflanzen als natürliche Vitaminträger im Frühling. Die Ärztin, Berlin, 1940, H. 3, 59–60.

[62] FABIAN, H., Der Einfluß der Ernährung auf die wertbestimmenden Eigenschaften von Bastfaserpflanzen (Flachs und Nessel) unter besonderer Berücksichtigung der Ausbildung ihrer Faser. Dissertation Berlin 1928, 115 S. und Faserforschung, Leipzig, 7, 1928, Heft 1 u. 2.

[63] FISCHER, E., Unsere Heilpflanzen in neuer Wertung und Geltung. Zürich, Albert Müller, 1941.

[64] FLAMM-KROEBER, Die Heilkraft der Pflanzen. Stuttgart-Leipzig 1935, Hippokrates Verl.

[65] FLURY, F., Über die chemische Natur der Nesselgifte. Ztsch. ges. exp. Med., Berlin, 56, 1927, 402–409.

[66] FOURNIER, P., Le livre des plantes médicinales et vénéneuses de France. Bd. III, Paris, Lechevalier, 1948.

[67] GARBER, K., Hagel- und Pilzschäden an Fasernesselstengeln. Faserforschung, Leipzig, 15, 1940, 38–40.

[68] — Über den Futterwert der Nessel (Urtica dioica L.). Landw. Forschung, Darmstadt, 2, 1950, 32–37.

[69] GESSNER, O., Die Gift- und Arzneipflanzen von Mitteleuropa. 2. Aufl., Heidelberg, 1953, C. Winter.

[70] GRAVIS, A., Recherches anatomiques sur les organes végétatifs de l'Urtica dioica L. Bruxelles, Librairie médicale & scientifique de A. Manceaux, 1885, 256 S., 23 Tafeln.

[71] GUSSELNIKOW, E., Über die Verwertung der faserhaltigen hanfähnlichen Brennessel (Urtica cannabina L.) im östlichen Sibirien als Futterpflanze. Acta Inst. Bot. Ac. Sci. UdSSR, Moskau-Leningrad, 1938, Ser. V, Fasc. 1, 603–616.

[72] GÜTTLER, R., Über den Gehalt wildwachsender Pflanzen an Kalium, Phosphor, Eisen und Mangan. Forschungsdienst, Berlin, **11**, 1941, 485—522.

[73] HAAS, H., Über die Brennesselwirkung. Med. Welt, Stuttgart, **20**, 1951, 180 bis 186.

[74] HAHN, ED., Brennesseln in neuer und alter Verwendung. Naturwiss. Wochenschr., Jena, **16** (32), 1917, 328—332.

[75] HANAUSEK, T., Lehrbuch der technischen Mikroskopie. Stuttgart 1901. Nesselfasern 83—84.

[76] — Die Brennesselfaser. Der Textilmeister, Techn. Teil der Allgem. Textil-Ztg., Leipzig, 1916, Nr. 1, 3—11.

[77] HARMS, H., Arzneipflanzen in der Zahn- und Mundpflege der verschiedenen Völker und Zeiten. Planta medica, Stuttgart, **3**, 1955, 97—113.

[78] HARTMANN, Nesselcultur. Fühlings landw. Ztg., Leipzig, **29**, 1880, 758—759.

[79] Hauswirtschaftliche Zeiten-, Länder- u. Völkerschau. Archiv.

[80] HAZNAGY, A., Beiträge zur blutzuckerspiegelbeeinflussenden Wirkung von Urtica dioica und Urtica urens. Ber. ung. pharm. Ges., Budapest, **19**, 1943, 247—255; rf. Chem. Zbl. 1943, II, 1977—1978.

[81] HEERMANN, P. u. HERZOG, A., Mikroskopische u. mechanisch-technische Textiluntersuchungen. 3. Aufl. Jul. Springer, Berlin 1931. Nessel, 160—162.

[82] HEGI, G., Illustrierte Flora von Mitteleuropa, J. F. Lehmann, München, 1909—1912. Bd. III, 136—141.

[83] HENNES, W., Die Brennessel — die deutsche Baumwolle der Zukunft. Die Haushaltungskunst im Kriege u. i. d. Teuerung. 1771; neu herausgegeb. 1916, Aachen, Sonderdruck 37.

[84] HELMUTH, JOH. HEINR., Gemeinnützige Naturgeschichte des In- und Auslandes. Leipzig, 1808, Bd. VII, § 142 „die große Nessel“ S. 277.

[85] HERZOG, A., Mikrophotographischer Atlas der technisch wichtigen Faserstoffe. Teil I: Pflanzliche Rohstoffe. Obernetter, München 1908.

[86] — Eigenschaften der Fasern u. Garne aus Brennesseln. Melliand Textilber., Heidelberg, **8**, 1927, 37—38, 146—147, 233—237.

[87] v. HÖHNEL, FR., Die Mikroskopie der technisch verwendeten Faserstoffe. 2. Aufl. 1905, A. Hartleben's Verlag, Wien u. Leipzig.

[88] HOLUBINSKY, I. u. RYBATSCHENKO, M., Untersuchung der Lebensfähigkeit des Pollens von Humulus lupulus L. u. einiger ihm verwandter Arten bei der Keimung auf künstlichen Nährböden. C. R. Acad. Sci. URSS. **27**, 1940, Nr. 8, 846—848.

[89] HOLZ, P., Mittel zur Erzeugung von Dauerwellen. DBP Nr. 834583; rf. Chem. Zbl. 1952, 5661.

[90] Homöopathisches Arzneibuch. 2. Aufl., Leipzig, Verl. W. Schwabe, 1934.

[91] HÖRMANN, B., Wildgemüse und -Salate 1. Schriftenreihe: Heil- und Nährkräfte aus Wald und Flur und Bildreihe: 2. Aufl. Heft 1, München, G. Franz.

[92] HÜNI, K., Der Vitamin-C-Gehalt verschiedener Wiesenpflanzen. Schweiz. landw. Mh., Bern 1941, H. 3, 81—92; rf. Forschungsdienst, **12**, 1941, 9.

[93] ILLIES, Z., Untersuchungen über die Auslesemöglichkeit faserreicher Kreuzungsnachkommen auf mikroskopischem Wege bei züchterischen Arbeiten mit Bastfaserpflanzen (Am Beispiel der Fasernesselzüchtung). Dissertation Hamburg 1948 u. Botan. Oeconom., Hamburg, **1**, 1948, H. 2, 86—116.

[94] IWANOFF, TH., Über den Vitamin-C-Gehalt einiger bulgarischer Nahrungsmittel pflanzlichen Ursprungs. Ztschr. Lebensm.-Unters. u. Forschg., Berlin, **88**, 1948, 43—45.

[95] JANICSEK, M., Die Darstellung und Untersuchungen der Chlorophyllen von verschiedenen Pflanzen-Blättern. S. Abdr. aus: Mezógazdaségi Kutatasok, Budapest, 1929, H. 9, 11 S.

[96] JARETZKY, R., Beiträge zur Wirkung der Brennessel. Die deutsche Heilpflanze, Stollberg (Erzgeb.), **8**, 1942, 105—109.

[97] JARUSSOWA, N., Die Brennessel als antiskorbutische Vitaminquelle. Problems Nutrit (russ.), 5, 1936, 80; rf. Chem. Zbl. 1937, II, 612/613 u. Jber. Pharmaz. 72, 1937, 74.

[98] JAYME, G., PFRETZSCHMER, H., DITZ, J., Zellstoffgewinnung aus Flachsschäben. Papierfabrik, Berlin, 36, 1938, 46—55.

[99] JESSEN, K., Nelden (Urtica dioeca L.) i Kvalsund-Fundet. Kvalsundfundet, Bergen, 1929, 5 S.; rf. Bot. Cbl. 1930, 17, 189.

[100] JOHANNSEN, O., Die Verarbeitungsforschung u. deren Nachprüfung. Mitt. Dtsch. Forsch.-Inst. f. Textilind., Reutlingen-Stuttgart, 6—8, 1919, 1—4.

[101] JURACEC, AL., La respiration chez les individus mâles et femelles d'Urtica dioica L., Bull. Sect. Scient. Academ. Romaine, Bucarest, 23, 1941, 395—400; rf. Chem. Zbl. 1941, II. 3204 u. Bot. Zbl. 35 (177), 360.

[102] KALT, B., Über den Anbau der Großen Brennessel zur Fasergewinnung. Dtsch. Landw. Presse, Berlin, 44, 1917, 132—133; 144—145.

[103] KÄRNER, W., Über den Abbruch u. Abfall pflanzlicher Behaarung u. den Nachweis von Kieselsäure in Pflanzenhaaren. Nova Acta d. Ksl. Leop.-Carol. Dtsch. Akadem. Naturf. Halle, 1889, 54, Nr. 3, 219—268.

[104] KEESER, E., Zur Wirkungsweise der Brennessel (Urtica dioica) insbesondere auf den Harnsäurestoffwechsel. Dtsch. med. Wochenschr., Leipzig, 66, 1940, 849—851.

[105] KELLNER-FINGERLING, Grundzüge der Fütterungslehre. 9. Aufl., 1940, Verl. Parey, Berlin.

[106] KITAHARA, Y., Über die Ausscheidung von Chlorophyllderivaten aus dem Urin. Biochem. Ztschr., Berlin, 155, 1925, 97—112.

[107] KLEBERGER, W., Zur Frage der Faserstoffbeschaffung. Mitt. Forschungsstelle Sorau, Sorau N.-L., 1, 1919, Nr. 2/3.

[108] KLING, M. u. IMHOFF, A., Bemerkenswerte Futtermittel. Prakt. Blätter f. Pflanzenbau u. -schutz, München, 17, 1939/40, 140—158.

[109] KOCH, A., Handwörterbuch der gesamten Thierheilkunde und Thierzucht. Bd. I, Wien u. Leipzig, Verl. Perles, 1898.

[110] KOCH, H., Gespinstpflanzenbau. Arbeiten d. Reichsnährstandes, Bd. 3. Reichsnährstand-Verlags-Ges. m. b. H., Berlin 1942, 196 S. (Nessel 27—31).

[111] KOENIG, P., Tabakforschung und Wissenschaft des Rauchens. Vortr. geh. a. d. 38. Hauptvers. Dtsch. Ver. z. Förderung d. math. u. naturw. Unterr. i. Karlsruhe, 7. 4. 1936.

[112] KOLOUSEK, J., LAUTNER, V., MÜLLER, Zd., Prispevek k poznáni chemického slozeni a fysiologických vlastnsoti koprivy dvoudomé (Urtica dioica) ve vztahu k výzive hospodárských zvirat. Beitrag zur Kenntnis der chemischen Zusammensetzung und der physiologischen Eigenschaften der Brennessel (Urtica dioica) unter dem Gesichtspunkt der Fütterung der landwirtschaftlichen Haustiere. Sbornik, Prag, Ser. A. 27, 1954, 113—144.

[113] KOLUMBE, E., Urticaceae in Kirchner, Loew, Wangerin, Schröter, Lebensgeschichte der Blütenpflanzen Mitteleuropas, Bd. II, Eugen Ulmer, Stuttgart, 909—941.

[114] KROEBER, L., Studienergebnisse von Fluidextrakten aus heimischen Arzneipflanzen. Extraktum Urtica dioica fluidum. Pharm. Zentralh., Dresden u. Leipzig, 68, 1927, 609—611.

[115] — Das neuzeitliche Arzneibuch. Bd. III, Stuttgart-Leipzig, Hippokrates-Verlag, 1934.

[116] KRONFELD, E., Zur Geschichte der Nesselindustrie. Allgem. Textil-Ztg., Leipzig-Wien, 9, 1916, Heft 19—26.

[117] v. KRUEDENER, A. u. BECKER, A., Atlas standortkennzeichnender Pflanzen. Wicking-Verlag, Berlin 1941 (Nesseln 98).

[118] KRÜGER, W., WIMMER, G., BREDEMANN, G., Einfluß der Ernährung auf die Entwicklung der Nessel (Urtica dioica) und die Ausbildung ihrer Faser. Faserforschung, Leipzig, 3, 1923, 112—131.

[119] KRÜNITZ, JOHANN GEORG, Encyklopedie oder allgemeines System der Staats-, Stadt-, Haus- u. Landwirtschaft u. d. Kunst-Geschichte in alphabetischer Ordnung,

fortgesetzt von FR. J. FLOERKEN u. H. G. FLÖRKE, Berlin, Buchhandlg. d. Königl. Preuss. Geh. Commercien-Rats Joachim Pauli, 1806, 102. Teil.
[120] KUHN, A. u. SCHÄFER, G., Zur Kenntnis des Vitamin-C-Gehaltes frischer Arzneipflanzen. Madaus Jber., Radebeul, 8, 1939/40, 52—58.
[121] Landesstelle f. Spinnpflanzen, Erfahrungen beim Nesselbau auf Moorboden. Dtsche Faserstoffe u. Spinnpflanzen, München, 2, 1920, 49—51.
[122] LAUBE, W., Die Züchtungsmethoden für eine Urtica dioica sativa u. bisherige Züchtungsergebnisse. Dtsche Faserstoffe u. Spinnpflanzen, München, 2, 1920, 113—116, 121—125.
[123] v. LEPEL, Brennessel-Vertilgung — oder -Verfütterung? Dtsch. Landw. Presse, Berlin, 68, 1941, 170.
[124] LEWIN, L., Gifte und Vergiftungen. Berlin, Stilke, 1929.
[125] LICHTE, H.-FR., Über die Physiologie von Angiospermenpollen u. ihre Bedeutung für die Pflanzenzüchtung. Dissert. Hamburg 1956 u. Angew. Bot., Berlin, 31, 1957, 1—26.
[126] LIMBACH, R., Die Sammlung wildwachsender Heilpflanzen in Deutschland mit Sammelergebnissen und gezahlten Sammlerpreisen des Jahres 1937. Die dtsch. Heilpflanze, Stollberg, 4, 1938, 126—130.
[127] LINNERT, G., Die pflanzlichen u. tierischen Textilien. Grafes Handb. d. organ. Warenkunde, Bd. II, 2. C. E. Poeschel, Stuttgart 1928. Nessel 167.
[128] v. LINSTOW, O., Bodenanzeigende Pflanzen, Berlin 1929. Nesseln 108.
[129] LIPPERT, F., Vom Nutzen der Kräuter im Landbau. Schriftenreihe „Lebendige Erde“, Stuttgart, 1953.
[130] LORBER, R., Herstellung eines Heilmittels für Brandwunden. DBP 862937 Kl. 30 h v. 7. 9. 1950, ausg. 15. 1. 1953; rf. Chem. Zbl., 1953, 4085.
[131] LÖVE, A. and LÖVE, D., Cyto-Taxonomic studies on boreal plants. Kgl. Fysiogr. Sållsk. Lund Förhandl. 12, 1942, Nr. 6.
[132] LÜDTKE, M., Deutsche Naturfasern. Der Papierfabrikant, Berlin, 36, 1938, Techn.-wiss. Teil, 65—68.
[133] — Vergleichende Prüfungen der verschiedenen Verfahren zur Bestimmung des Fasergehalts in Bastfaserstengeln. Forschungsdienst, Berlin, 6, 1938, 392—401.
[134] — Vergleichende Prüfung der verschiedenen Verfahren zur Bestimmung des Fasergehalts in Bastfaserstengeln II. Melliand Textilber., Heidelberg, 20, 1939, 733 bis 734.
[135] — Die Verwertung der Abfallstoffe der Flachs- und Hanfrösten. Ebenda 20, 1939, 253—256.
[136] — Untersuchungen über das Trocknen u. „Erholen“ der Bastfasern. Die Bastfaser, Berlin, 1, 1941, 117—123.
[137] LÜDTKE, M., KLING, R., SCHEITHAUER, G., Aufbereitung u. Verspinnung der Wildnesselfaser. Die Bastfaser, Berlin, 4, 1944 H. 7/8, 41—43.
[138] LUKAS, K., Faserpflanzen der Heimat u. ihre Bedeutung für unsere Volkswirtschaft. Aus der Heimat, Stuttgart, 30, 1917, Nr. 5/6. Nesseln 113—117.
[139] LUDWIG, G., Zur Pharmakologie der Brennessel. Diss. Berlin, 1945, 9 S.
[140] LUSHETZKI, J., Zur Pharmakologie der Nessel Urtica dioica, I., J. Physiol. (russ.) 22, 1937, 260—264; rf. Chem. Zbl., 1938, 931.
[141] MACH, F., Der Futterwert von Brennessellaub. S. A. Bad. Landw. Wochenbl. Karlsruhe 1916, No. 45, 618—619, (Mitt. Landw. Versuchsanstalt, Augustenberg).
[142] MADAUS, G., Lehrbuch der biologischen Heilmittel. Abt. I; Heilpflanzen, Bd. I bis III, Leipzig, Thieme, 1938.
[143] MARTHALER, H., Die Stickstoffernährung der Ruderalpflanzen. Jahrb. Wiss. Bot., Leipzig, 85, 1937, 76—106.
[144] MARZELL, H., Handwörterbuch des deutschen Aberglaubens, herausg. v. H. Bächtold-Stäubli, Bd. I, 1927, Berlin—Leipzig, De Gruyter; Brennessel (Urtica-Arten) S. 1552—1560.

[145] MARZELL, H., Geschichte und Volkskunde der deutschen Heilpflanzen., Stuttgart, 1938, Hippokrates-Verl., 312 S.

[146] MARX, A. u. ADLER, E., Über die blutzuckerherabsetzende Wirkung von Herba urticae dioicae. I. Arch. exp. Path. Pharm., Leipzig, **112**, 1926, 29—38.

[147] MATTHEWS, J. u. ANDERAU, W., Die Textilfasern. Ihre physikalischen, chemischen u. mikroskopischen Eigenschaften. Berlin, Julius Springer 1928. 847 S. Nessel: S. 664—666.

[148] MATZKO, S., Bereicherung der Margarine mit Vitaminen, II: Anreicherung der Margarine mit Vitamin A mittels Carotinpräparaten. Ztschr. Unters. Lebensm., Berlin, **72**, 1936, 143—148.

[149] MEDVEDEV, P., The nettles of USSR; Specific diversity, distribution and utilization Supplem. 71-th to Bull. Appl. Botan., Genetics, Plant Breeding, Leningrad, 1934, 66 S.

[150] MERCK, E., Darmstadt, briefl. Mitt. 17. 2. 58.

[151] METCALFE, C., Economic value of the common stinging nettle. Nature, London, **150**, 1942, 83.

[152] MILDNER, TH., Laktationsmittel aus dem Pflanzenreich. Dtsch. Heilpfl., Stollberg, **8**, 1942, 136—138.

[153] MOELLER, J., Die Nesselfaser. D. A. Polytechn. Ztg., Berlin, **11**, 1883, 374—378 u. 385—386.

[154] MOLLO, A., Osservazioni sull impiego dell'ortica nell'alimentazione dei pulcini. Stat. Sper. Agr. Ital., **55**, 1922, 490—496; rf. Exp. Stat. Rec., **49**, 1923, 172.

[155] MONTEWERDE, N., Kulturversuch mit Urtica cannabina L. in Leningrad. Act. Inst. Botan. Academ. Scient. URSS, Ser. V, Fasc. I, 1938, 211—213.

[156] MOSEBACH, G., Über die Schleuderbewegung der explodierenden Staubgefäße u. Staminodien bei einigen Urticaceen. Dissert. Frankfurt/M. 1932 u. Planta, Berlin, **16**, 1932, 70—115.

[157] MUELLER, VO., Deutsche Brennesseln. Ihre Kultur u. Verwertung als Gespinst- u. Handelspflanzen. Voigt's Landwirtsch. Volksbücher Nr. 160, Leipzig 1878.

[158] NECRASSOWA, W., Plantes textiles chez les Ainos, Ghiliaks et Goldes. Sowjetskaja Botanika, Leningrad, 1934, Nr. 6, 125—141.

[159] — Über die hanfartige Brennessel und ihre Verwendung. Ebenda, 1935, Nr. 1, 118 bis 124.

[160] NESTLER, A., Zur Kenntnis der Wirkung der Brennhaare unserer Urtica-Arten. Ber. Dtsch. Bot. Ges., Berlin-Dahlem, **43**, 1925, 497—504.

[161] NETOLITZKY, FR., Beitrag zur ältesten Geschichte unserer Heil-, Gift- u. Gewürzpflanzen. Pharm. Monatshefte, Wien, **12**, 1931, 77.

[162] — Fragestellungen zur nacheiszeitlichen Geschichte heimischer Gewächse. Ber. Dtsch. Bot. Ges., Jena, **61**, 1943, 219—230.

[163] OLSEN, C., The ecology of Urtica dioica. Journ. Ecology, Cambridge, **9**, 1921, 1—18.

[164] OUDAR, M., Etude de l'Urtica urens (Ortie grièche) et de ses propriétés thérapeutiques. Diss. (Thèse) Paris, 1911, 63 S.

[165] PAPE, H., Brennesselschädlinge. Dtsche Landw. Presse, Berlin, **46**, 1919, 528—529.

[166] POMMLER-DIÄT, Oskar Köhler, Berlin-Friedenau, Briefl. Mitt. 2. 1. 1958.

[167] POPP, M., Anbau- u. Düngungsversuche mit Brennesseln. Dtsche Faserstoffe u. Spinnpflanzen, München, **2**, 1920, 37—39.

[168] PROCHOROW, W. u. SCHUSCHKINI, A., Die Brennessel als zusätzlicher Textilrohstoff. Übersicht über die Arbeiten in der UdSSR und im Auslande. Flachs-Hanf-Jute-Industrie, Moskau, 1934, Nr. 3, 28—36.

[169] PRÖGLER, R., Das Brennesselsamenöl. Fette u. Seifen, Berlin, **48**, 1941, 540 bis 541.

[169a] PŠENICA, N., Die nitrierte Nesselfaser. Franz Deuticke, Leipzig u. Wien, 1921, 128 S., rf. Chem. Zbl. 1954, 6045.

[170] RAFFAELE, R., Die Brennessel in der Behandlung des Rheumatismus. Fitoterapie [NS], Milano, **24**, 1953, 407; rf. Chem. Zbl. 1954, 6045.

[171] REIMERS, H., Zur Anatomie einheimischer Faserpflanzen unter besonderer Berücksichtigung der mikroskopischen Faserdiagnostik u. der Faseraufschließung. Mitt. Dtsch. Forschungsinst. f. Textilstoffe, Karlsruhe, 1919, 37—95 (Nessel 71—77).

[172] — Die Substanzfestigkeit der Textilfasern. Ebenda, 1920 u. 1921, 41—95.

[173] — Die Verschiedenheiten im strukturellen Aufbau der Bastfasern in ihrer Bedeutung für die technische Warenkunde. Ebenda, 1920 u. 1921, 108—282 (Nessel 240—246).

[174] REISSEK, S., Die Fasergewebe des Leines, des Hanfes, der Nessel u. der Baumwolle. Denkschr. Akadem. Wiss. Wien. Mathem.-Nat. Kl., 4, 1852. Nesselfasern 157 bis 159.

[175] RICHTER, O., Brennesselstoffe, Kriegs- u. Friedenserrungenschaften der Textilindustrie. Wirtschaftsztg. d. Zentralmächte, Wien, 1916, Nr. 22.

[176] — Nesselstoffe II, Ebenda, 1916, Nr. 24.

[177] — Nesselstoffe. Die Samensammlung der Nessel. Ebenda, 1916, Nr. 25.

[178] — Beiträge z. Lösung des Nesselproblems. Chem. Ztg., Köthen/Anhalt, 40, 1916, Nr. 114, 801—803.

[179] — Der Anbau der Brennessel (Urtica Dioica) Naturw. Ztschr. f. Forst- u. Landwirtsch., Stuttgart, 15, 1917, 1—14.

[180] — Die bisherigen Ergebnisse über den Nesselanbau. Jung Österreich, Wien, 1917, Heft 2.

[181] — Die ökonomische Seite des Brennesselproblems. Die Volkswirtschaft, Wien, 1, 1918, 29—34.

[182] — Die in der Brenn-Nessel schlummernden Schätze, Anleitung z. Sammlung der wildwachsenden Nesseln — „NAG"Nessel-Aufbereitungsgesellschaft G. m. b. H., Wien (ohne Jahreszahl), 4 S.

[183] — Die in der Brenn-Nessel schlummernden Schätze, Anleitung z. Anbau, zur Ernte, Aufbewahrung u. Ablieferung. Ebenda, 16 S.

[184] — Anatomie u. Mikrochemie der Textil- u. Papierfasern aus dem Pflanzenreich. Grafes Handb. d. organ. Warenkunde, Bd. II, 2. C. E. Poeschel, Stuttgart 1928. Nessel: 57—66.

[185] RIPPERGER, W., Um die „Blutreinigung" und einige ihr dienende Drogen. Hippokrates, Stuttgart-Leipzig, 6, 1935, 166—174.

[186] — Grundlagen zur praktischen Pflanzenheilkunde. Stuttgart-Leipzig, 1937, Hippokrates-Verl.

[187] ROLOFS, R., Zur Frage der Verwendung von Brennesseln als Textilrohstoff. Flachs-Hanf-Jute-Industrie, Moskau, Nr. 6, 53—55.

[188] v. RÖSSLER-LADÉ, A., Die Nessel eine Gespinstpflanze. Leipzig 1878, 30 S., 2. Aufl. Ilmenau 1916.

[189] ROUTALA, O. u. SEVÓN, J., Untersuchungen über die Nesselcellulose. Cellulosechemie, Berlin, 8, 1927, 16—18.

[190] RÜCKLE, E., Brennesselwurzeltee bei beginnender Prostatitis. Hippokrates, Stuttgart, 2, 1950, 55—56; rf. Pharmazie, 6 (11), 1951, 633.

[191] RUMSWINKEL, Brennesselhäcksel (Werte desselben, Analysen, Gutachten über Verfütterung und Verfütterungsvorschriften), Manuskript (Schreibmaschine), 1917.

[192] SAUVE, F. e RIDOLFI, R., Il gen. Urtica L. e le proprietà tessili delle sue specie. Atti R. Istituto d'Incoraggiamento, Napoli, 73, 1922, Fasc. 1, 26 S., 16 Abb.

[193] SCHÄFFER, JACOB CHRISTIAN, Versuche u. Muster ohne alle Lumpen oder doch mit einem geringen Zusatz derselben Papier zu machen. Bd. I., Regensburg 1772, 19—20.

[194] SCHALL, H., Nahrungsmitteltabelle; 13. Aufl. Leipzig, Barth, 1941.

[195] SCHARFETTER, R., Biographien von Pflanzensippen. Wien, Springer-Verlag 1953, (Nessel 103—105).

[196] SCHARRER, K. u. WERNER, W., Der Vitamin-C-Gehalt pflanzlicher Nahrungsmittel. Ztschr. Tierern. Futtermkde., Hamburg-Berlin, 12, 1957, 65—75.

[197/98] SCHMIDHÄUSER, O., Die Festigkeitseigenschaften der künstlichen u. natürlichen Faserstoffe. Melliand Textilber., Heidelberg, 17, 1936, 905—910.

[199] SCHMIDT, A., Vergiftung durch Brennesseltee. Pharm. Zentralh., Dresden-Leipzig, 84, 1943, 238—239.

[200] SCHMITT, L. u. HASPAR, E., Wirkstoffe und biologisch-dynamische Wirtschaftsweise. Ztschr. Bodenk. Pflanzenern., Berlin, 30, 1943, 65—95.

[201] SCHOENE, Erfahrungen mit dem Anbau von Fasernesseln. Mitt. f. d. Landwirtsch., Berlin, 57, 1942, 28—30.

[202] SCHÖNLEBER, K., Zusammenstellung der Größenangaben von Bastfasern. Die Bastfaser, Berlin, 2, 1942, 36—42.

[203] SCHOENENBERGER, W., Freunde der Gesundheit — Naturreine Pflanzensäfte. 2. Aufl., herausg. v. d. wissenschaftl. Abt. Pflanzensaftwerk Schoenenberger, Magstadt b. Stuttgart, 1957 und briefl. Mitt. 20. 1. 58.

[203a] SCHULZ, W., Referat über die Erfahrungen in der Verarbeitung der Brennesselfaser. Zschopau 1920, 3 S.

[204] SCHULZ, H., Vorlesungen über Wirkung und Anwendung der deutschen Arzneipflanzen. Leipzig, Thieme, 1929.

[205] SCHÜRHOFF, H., Die Anlage von Nesselfeldern. Wochenberichte, Handelsteil d. Leipziger Monatsschr. f. Textil-Ind., Leipzig, 31, 1916, 182—184.

[206] — Zur Nesselfasergewinnung. Ebenda, 31, 1916, 844—849.

[207] — Nesselverwertung u. Nesselanbau. Mitt. Dtsch. Landw. Ges., Berlin, 32, 1917, 222—225.

[208] SCHWARZE, P., Chemisch-technologische Methoden für die Pflanzenzüchtung, Forschungsdienst, Berlin, 4, 1937, 447—455.

[209] SCHWARZE, W. u. GÜNTHER, E., Die Bestimmung der l-Ascorbinsäure mit chemischen Mitteln. Pharmazie, Berlin, 2, 1947, 161—165.

[210] SCHWEDE, R., Über die Keimungsverhältnisse der Nesselsamen. Textile Forschung, Dresden, 1, 1919, 72—75.

[211] — Bericht. Ebenda, 2, 1920, 28—30.

[212] SCHWYZER, J., Chlorophyll. Dtsch. Apoth. Ztg., Berlin, 45, 1930, 927—928.

[213] SELLERGREEN, G., Nessel als Faserpflanze in Schweden. K. Landtbr. Akad. Handl. och Tidskr., Stockholm, 59, 1920, 484—490; rf. Exper. Stat. Rec. 48, 1923, 130.

[213a] SEYBOLD, A. u. MEHNER, H., Über den Gehalt an Vitamin C in Pflanzen. Sitzungsber. Heidelb. Akad. Wiss. Mathem.-Naturwiss. Kl. 1948, Heidelberg 1948, Springer-Verlag.

[213b] STÄHLIN, AD., Die Beurteilung der Futtermittel. Methodenbuch, Bd. XII. 1957, Neumann-Verlag, Radebeul u. Berlin. Nessel: S. 577.

[214] STARKENSTEIN, E. u. WASSERSTROM, TH., Pharmakologische und chemische Untersuchungen über die wirksamen Bestandteile der Urtica dioica und Urtica urens. Arch. exp. Path. Pharm., Berlin, 172, 1933, 137—148.

[215] v. STOKAR, W., Spinnen u. Weben bei den Germanen. Mannus-Bücherei Bd. 59, 1938, Curt Kabitzsch, Leipzig.

[216] STRASBURGER, ED., Sexuelle u. apogame Fortpflanzung bei Urticaceen. Jahrb. wiss. Bot., Leipzig, 47, 1910, 246—284.

[217] SUCKOW, GEORG ADOLPH, Ökonomische Botanik, Mannheim u. Lautern, C. F. Schwan, 1777, Nesseln: 330 u. 339.

[218] TACKE, BR., Düngungsversuche mit Hanf und Brennessel in Gefäßen bei verschiedenen Feuchtigkeitsverhältnissen. Faserforschung, Leipzig, 2, 1922, 113—126.

[219] DE TARLE, A., NUMILE, L.-G., CHEVALIER, AUG., Enquête sur l'utilisation des Orties. Rev. Botan. appl., Paris, 2, 1922, 420—427.

[220] TOBLER, FR., Die Nessel, in: Deutsche Faserpflanzen u. Pflanzenfasern. J. F. Lehmann, München, Berlin 1938, S. 77—84.

[221] TOBLER-WOLFF, FR. u. G., Mikroskopische Untersuchung pflanzlicher Faserstoffe. S. Hirzel, Leipzig 1951.

[222] TOUTON, K., Hauterkrankungen durch phanerogamische Pflanzen u. ihre Produkte. In: J. Judassohn, Handb. d. Haut- u. Geschlechtskrankh., Bd. 4. Jul. Springer, Berlin 1932 (Urticaceae 665—667).

[223] v. TUBEUF, C., Nutzung u. Kultur der großen Brennessel (Urtica dioica) zur Fasergewinnung. Naturwiss. Ztschr. f. Forst- u. Landwirtsch., Stuttgart, **14**, 1916, 251 bis 267.

[224] ULLRICH, JOH., Variationsstatistische Untersuchungen an Bastfasern. Planta, Berlin, **42**, 1953, 465–477.

[225] VANOTTI, Kreislaufstörungen in der Muskulatur bei lokaler Applikation von Histaminen. Schweiz. med. Wochenschr., Basel, **16**, 1935, 350–351.

[226] VAVILOV, N., Geographische Genzentren unserer Kulturpflanzen. Verhandl. V. Internat. Kongr. f. Vererbungswissenschaft. Berlin 1927, Bd. **1**, 1928, 342–369.

[227] VOGEL, H., Das Chlorophyll in Medizin und Kosmetik. Nürnberg, Verl. H. Carl, 1954.

[228] VOLLMER, H. u. VOLLMER, J., Fragen der Arzneimittelproduktion. Pharmazie, Berlin, **7**, 1952, 401–412.

[229] WACKER, Zur Frage des Anbaues der Brennessel. Dtsche Landw. Presse, Berlin, **43**, 1916, Nr. 46.

[230] WAGNER, F., Die Große Brennessel als Futterpflanze. Ill. landw. Ztg., Berlin, **45**, 1925, 405–408.

[231] WAGNER, G., Das Färben mit deutschen Pflanzen. Berlin, Reichsnährstand-Verlag, 1936.

[232] WALTER, L., Herstellung eines Haarwuchsmittels. DBP Nr. 832793; rf. Chem. Zbl. 1952, 6945.

[233] WALZ, CHR., Zusammenhänge zwischen Gespinnsteigenschaften u. Spinnstruktur bei Ersatzfaserstoffen. Mitt. Dtsch. Forsch.-Inst. f. Textilind., Reutlingen-Stuttgart, **6–8**, 1919, 5–54.

[234] WANTOCH, H., Die Brennessel als Diuretikum. Dtsch. med. Wochenschr., Leipzig, **61**, 1935, 508.

[235] v. WIESNER, J., Die Rohstoffe des Pflanzenreiches. 3. Aufl. Bd. 3, 1921, 223–238, 4. Aufl., Bd. 1, 1927, 574–576. Wilh. Engelmann, Leipzig.

[236] WILLSTÄTTER, R. u. STOLL, A., Untersuchungen über Chlorophyll. Berlin, Springer, 1913, 424 S.

[237] ZECHMEISTER, L. u. TUZSON, P., Über das Phytosterin der Brennessel. Ztschr. physiol. Chem., Berlin-Leipzig, **183**, 1929, 74–77; rf. Bot. Zbl., **17**, 1930, 144.

[238] Ztschr. Lebendige Erde, Stuttgart, 1951–54; Versch. Angaben.

[239] ZELLNER, J., Versuche über die Verwertung der Brennesselblätter. Mitt. österr. Versuchsamt, 1917, 3/4 H., S. 76; rf. Deutsche Faserstoffe, **1**, 1919, 116.

[240] ZILLIG, H., Kriegsersatz ausländischer, technisch verwerteter Pflanzenfasern. Jber. Vereinig. Angew. Botanik, Berlin, **16**, 1918, 79–116.

STICHWORTVERZEICHNIS

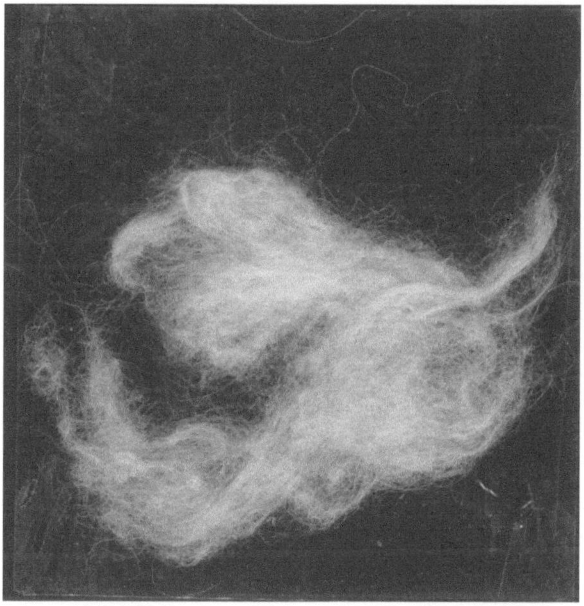

Fasern der Großen Brennessel *Urtica dioica* L.

Technische Rohfasern aus einem „Nesselpelz", wie er bei Aufbereitung der Fasernesselstengel nach dem ELSTER-Verfahren gewonnen wurde, s. S. 87

Bei Fragen zur Produktsicherheit wenden Sie sich bitte an:
If you have any questions regarding product safety,
please contact:

Walter de Gruyter GmbH
Genthiner Straße 13
10785 Berlin
productsafety@degruyterbrill.com